KB122987

세계 건축가 해부도감

세계 건축가 해부도감

오이 다카히로, 이치카와 코지, 요시모토 노리오, 와다 류스케 지음
노경아 옮김 | 이훈길 감수

더숲

차 례

제1장 고대와 중세의 주요 건축

제2장 르네상스 시대의 건축가

제3장 17세기의 건축가

제4장 18~19세기 전반의 건축가

제5장 19세기 후반~20세기의 건축가

제6장 20세기의 건축가

제7장 20~21세기의 건축가

※ 건축가는 원칙적으로 시대 순으로 편집하였습니다.

※ 각 건축물의 연도에는 건축가가 그 건축물에 관여한 것으로 여겨지는 연도나 건축물이 건축가의 설계로 건설된 기간을 표시했습니다.

제1장

고대와 중세의 주요 건축

—

—

피라미드의 놀라운 진화와 신전의 발전

고대 이집트 건축

기원전 3150년~기원전 30년경, 나일강 유역

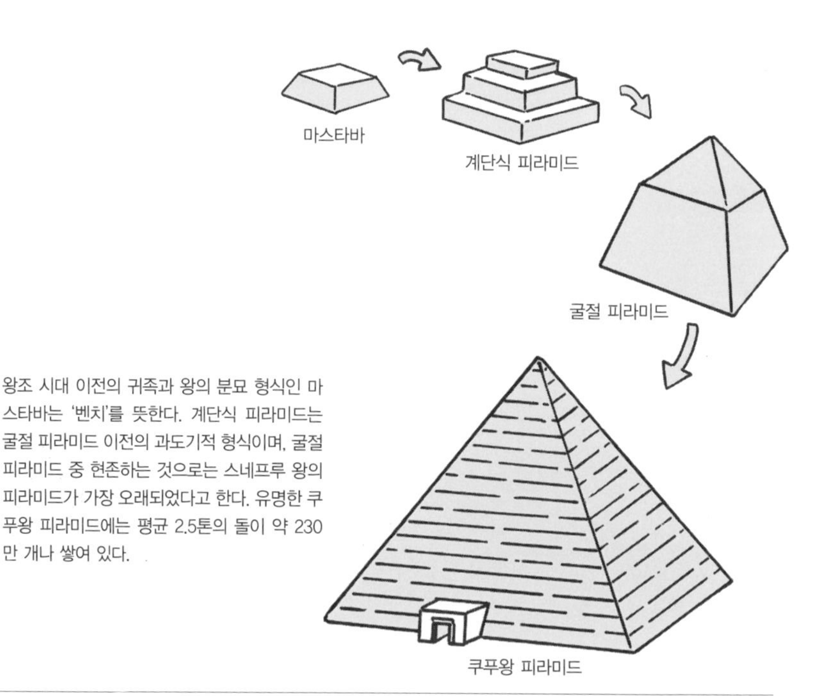

왕조 시대 이전의 귀족과 왕의 분묘 형식인 마스타바는 '벤치'를 뜻한다. 계단식 피라미드는 굴절 피라미드 이전의 과도기적 형식이며, 굴절 피라미드 중 현존하는 것으로는 스네프루 왕의 피라미드가 가장 오래되었다고 한다. 유명한 쿠푸왕 피라미드에는 평균 2.5톤의 돌이 약 230만 개나 쌓여 있다.

고대 이집트 왕조는 보통 고왕국, 중왕국, 신왕국※으로 나뉜다. 피라미드는 그중 특히 고왕국을 상징하는 구조물로, 모래에 반쯤 묻힌 것까지 포함하면 지금까지 100개 이상이 발견되었다. 가장 오래된 것은 사카라에 있는 제3왕조 조세르 왕의 계단식 피라미드인데, 당초 이 직사각형 무덤(마스타바)은 높이가 6m 정도밖에 되지 않았지만 조금씩 확장되어 결국은 58.8m가 되었다고 한다. 제4왕조 시대에 만들어진 쿠푸왕 피라미드는 높이가 139m나 된다. 피라미드를 짓는 기술이 단기간에 놀랄 만큼 진화한 것이다.

카르나크와 룩소르의 유명한 신전들은 신왕국 시대를 상징하는 구조물이다. 제18~19왕조 시대에 유례없는 번영기를 맞은 이집트에서는 모든 왕이 감사의

※ 고대 이집트 왕조는 혼란기를 사이에 두고 고왕국(기원전 2686~기원전 2181년), 중왕국(기원전 2040~기원전 1663년), 신왕국(기원전 1570~기원전 1070년)으로 나뉜다(각 왕국의 시기는 학자마다 조금씩 다르다-옮긴이).

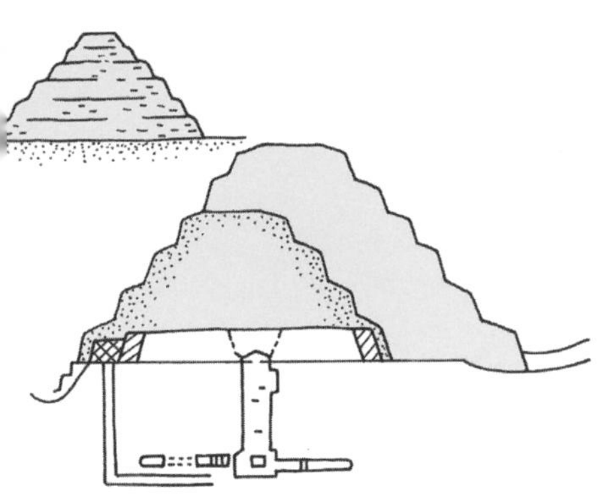

신으로 추앙된 건축가의 솜씨

조세르 피라미드

설계: 임호테프(기원전 2600년경)

이집트, 기원전 2600년경

고대 이집트의 건축가는 역사에 거의 남아 있지 않으나, 다행히 이 계단식 피라미드의 건축가는 명확히 밝혀져 있다. 임호테프, 즉 조세르 왕의 재상이었다고 여겨지는 인물이다. 거대 건물을 지으려면 기술은 물론 조세를 걷기 위한 토지 및 인구 조사가 필요하므로 방대한 노동자를 아우를 만한 조직력과 계획성이 요구되었다. 그래서인지 임호테프는 사후에 세속의 지혜를 관장하는 신으로 추앙되었다.

여왕의 위엄을 엿볼 수 있는

하트셉수트 여왕 장제전

설계: 세네무트(기원전 1500년경)

이집트, 기원전 1500년경

고대 이집트인들은 왕이 살아 있을 동안에는 그를 현신(現神)으로 섬겼고 사후에도 장제전을 지어 예배하였다. 신왕국 시대에 만들어진 왕의 무덤은 왕가의 골짜기(현 이집트 룩소르의 나일강 서안 바위산 골짜기에 있는 암굴 묘군)에, 장제전은 나일강 경작지 부근에 조성되었다. 하트셉수트 여왕 장제전도 건축가 세네무트가 왕가의 골짜기에서 나일강 쪽으로 500m 정도 떨어진 절벽 밑에 지었다고 한다. 이 장제전의 3단 테라스는 경사로를 통해 하나로 이어져 있어 자연과의 일체감이 느껴진다. 장제전은 제11왕조의 멘투호테프 2세, 3세의 분묘와 나란히 조성되어 있다.

뜻으로 신전을 활발히 신축·증축하였고, 때문에 단순하고 아담했던 신전이 규모가 커지고 복잡해졌다. 나일강과 사막이 인접한 지역에서는 암굴 신전도 건설되었는데, 그중 왕의 입상 네 개가 세워져 있는 아부심벨 신전과 3단 테라스가 있는 하트셉수트 여왕의 장제전(葬祭殿)이 유명하다.

고대 이집트 건물은 석재와 햇볕에 말린 벽돌을 사용한 데서 기인한 양감 있는 형태가 특징이다. 장식은 기둥에 집중되었는데 작은 원기둥을 여러 개 묶어 놓은 듯한 기둥몸(몸통) 위에 파피루스와 연꽃, 종려 등을 장식한 기둥머리를 올리는 것이 보통이었다.

✎ 중왕국 시대에도 수많은 신전이 건설되었겠지만 힉소스족의 파괴나 신왕국 시대의 전용(轉用) 탓에 남은 것이 거의 없다. 남은 것 중에 제11왕조 시대의 마디나트 마디 신전, 세누세르트 1세 신전이 유명하다.

건축 양식의 발전과 세계관의 확장

고대 그리스 건축

기원전 8세기~기원전 1세기, 고대 그리스

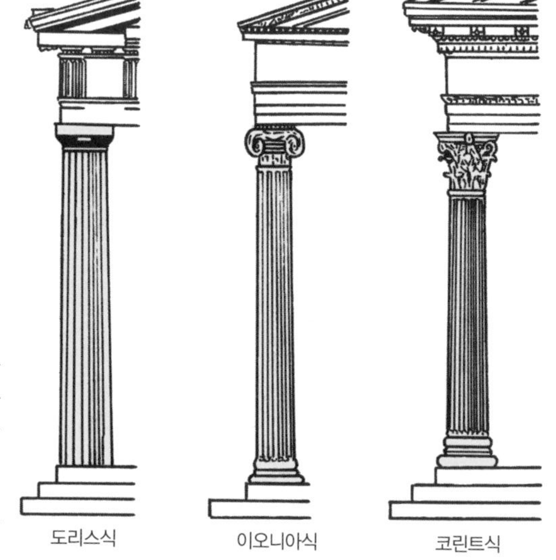

도리스식 기둥은 단순하고 중후하며 땅딸막하고 두껍다. 이오니아식 기둥은 경쾌하고 우아하며 두 개의 소용돌이 장식이 있는 기둥머리, 돌출부가 있는 기둥받침, 가는 기둥몸이 특징이다. 코린트식은 도리스식, 이오니아식 다음에 성립된 형식으로 아칸서스 잎 장식이 특징이다.

고대 그리스는 공통된 문화를 보유한 도시 국가의 느슨한 집합체였고, 그 중심에는 그리스 신화의 신들을 예배하는 신전이 있었다. 신전은 보통 긴 쪽을 동서로 배치하고 전실, 신실, 후실의 세 공간에 열주(줄기둥)를 두르는 형식으로, 이것을 주주식(周柱式)이라고 한다. 당초에는 기둥과 들보가 목조였지만 기원전 7세기 중엽부터 석조로 바뀌었고 그 과정에서 신전의 형식이 확립되었다. 단, 지역에 따라 펠로폰네소스 반도 등 도리스계 주민들에게 보급된 도리스식과 이오니아인이 정착한 에게 섬 등에 보급된 이오니아식이 각각 유행했다.

고대 그리스의 건축은 세 시대※로 나뉜다. 최초의 아르카익 시대에는 신전의 형식이 확립되었고 고전 시대에는 각부의 비례 관계와 장식이 세련되게 변했다.

※ 고대 그리스의 건축은 아르카익 시대(기원전 600~기원전 480년), 고전 시대(기원전 480~기원전 323년), 헬레니즘 시대(기원전 323~기원전 31년)의 세 시대로 나뉜다.

고전 시대의 걸작

파르테논 신전

설계: 페이디아스, 익티노스, 칼리크라테스, 카르피온
(기원전 5세기경)
📍 그리스, 기원전 447~기원전 432년

아테네 언덕의 아크로폴리스에 있는 파르테논 신전은 아테네 여신을 예배하기 위한 신전이다. 페이디아스가 건축의 총지휘를 맡고, 도리스식을 지지하는 익티노스와 이오니아식을 지지하는 칼리크라테스, 그리고 카르피온이 참여했다. 그래서 도리스식과 뒤섞인 이오니아식 기둥머리가 채용되는 등 여러 양식의 융합이 눈에 띈다. 밑부분과 들보는 완만한 호를 그리게 하고 모기둥은 다른 기둥보다 약간 굵게 만들어 안쪽으로 기울이는 등, 시각을 보정하는 수법도 쓰였다. 지금은 돌 표면이 강한 인상을 주지만 처음에는 화려하게 채색되었다고 한다.

이오니아식 전통을 잇는

마그네시아의 아르테미스 신전

설계: 헤르모게네스(기원전 2세기경)
📍 그리스, 기원전 175년경

헤르모게네스가 만든 이오니아식 신전들은 헬레니즘 신전을 대표하는 건축물로, 그중에서도 마그네시아의 아르테미스 신전이 유명하다. 기둥과 벽의 중심선이 일치하는 점, 전실, 신실, 후실이 2 : 2 : 1의 비율로 배치되어 전실의 깊이가 깊은 점, 중앙의 기둥 사이가 넓은 점 등에서 이오니아식 전통을 엿볼 수 있다. 이중으로 기둥을 두른 주주식에서 안쪽 열주를 제거하여 회랑을 널찍하게 만든 것이 이 건물의 가장 큰 특징이다.

고전 시대의 걸작으로는 파르테논 신전을 꼽을 수 있는데, 이 신전은 누가 건축했는지도 명확히 밝혀져 있다. 헬레니즘 시대에는 그리스 세계와 오리엔트 세계 사이에 문화적 접촉이 일어나 사람들의 세계관이 확장되었고 그 덕분에 헤르모게네스처럼 국제적으로 활약하는 건축가들도 나타났다.

고대 그리스 건축은 초창기에는 각 건축물이 독립적으로 존재해 하나의 조각에 가깝다는 말을 많이 들었지만, 헬레니즘 시대가 되자 집회장이나 극장 등 공공시설이 많이 생겼고 건물끼리의 관계에 대한 관심도 높아졌다. 이런 특징은 이어질 고대 로마의 건축으로 계승되었다.

✎ 바사이(Bassai, 그리스 아르카디아)의 아폴론 신전에 처음 쓰인 코린트 양식은 독립성이 약해서인지 자주 쓰이지 않았다. 로마의 건축가 비트루비우스에 따르면, 아테네의 조각가 칼리마코스가 코린트 양식을 발명했다고 한다.

기술 혁신과 다양한 건물 유형의 탄생

고대 로마 건축

기원전 8세기~기원후 4세기경, 고대 로마

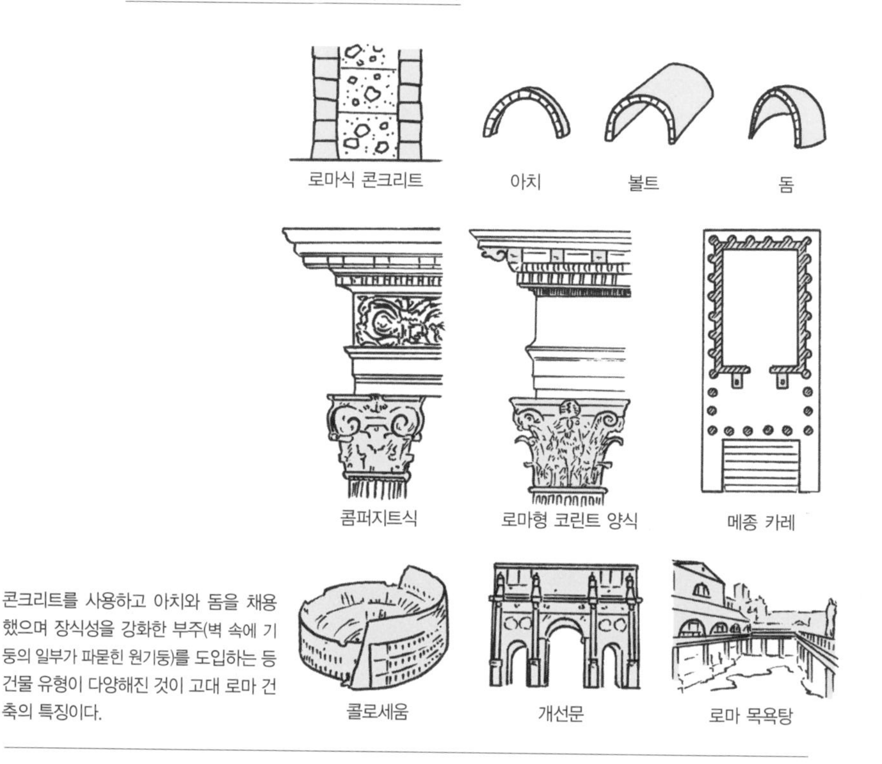

콘크리트를 사용하고 아치와 돔을 채용했으며 장식성을 강화한 부주(벽 속에 기둥의 일부가 파묻힌 원기둥)를 도입하는 등 건물 유형이 다양해진 것이 고대 로마 건축의 특징이다.

로마 도시는 기원전 753년에 탄생했다. 그 후 로마 제국이 동서로 분열하는 395년까지가 로마의 고대 건축 시대로, 콘크리트를 사용하여 벽, 볼트, 돔을 만든 것이 특징이었다. 이 시대의 건축가들은 내부에 콘크리트를 충전하여 강고한 벽을 만들었고 아치도 즐겨 썼다. 아치는 늘어세우면 볼트가 되고 회전하면 돔이 된다. 건축가 세베루스의 도무스 아우레아, 라비리우스의 도미티아누스 궁전이 대표적인 작품으로, 판테온 역시 돔을 사용한 걸작으로 유명하다.

고대 그리스 건축은 기둥을 중시한 반면, 고대 로마의 건축가들은 강고한 벽을 만들 수 있게 되자 기둥을 장식으로 썼다. 이탈리아의 전통적인 토스카나 양

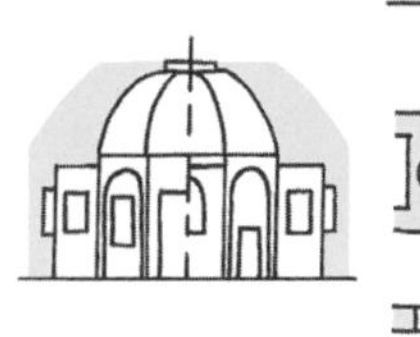

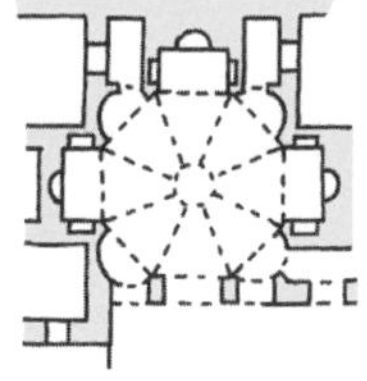

도미티아누스 궁전
설계: 라비리우스(81~96년경에 활약)
📍 이탈리아 로마, 81~92년

도미티아누스 황제의 신하인 라비리우스가 지었다는 거대 별장. 팔각형 공간 위의 천장에서 볼트(아치에서 발달된 반구형 천장 또는 지붕을 이루는 곡면 구조체)의 발전 과정을 엿볼 수 있는 매우 중요한 건물이다.

도무스 아우레아(황금 궁전)
설계: 세베루스(64년경에 활약)
📍 이탈리아 로마, 68년

로마 대화재 후 네로 황제가 건설한 거대 별장. 콘크리트 기술이 발달하여 팔각형의 공간과 대형 개구부를 실현한 점, 독특한 채광 방법을 택한 점 등에서 건축사의 일대 전환을 확인할 수 있다.

건축십서
저서: 비트루비우스(?~?)
📍 이탈리아 로마, 기원전 30년경

현존하는 가장 오래된 건축서 『건축술에 대하여』는 총 10편으로 이루어져 있어 '건축십서(建築十書)'로 불린다. 이 책은 토목과 도시 계획, 기계, 재료, 군사 기술 등 여러 기술에 대한 지식을 광범위하게 담고 있어 기술 전서에 가깝다. 당시에는 이 책이 얼마나 큰 영향력이 있었는지 모르지만, 르네상스 이후에는 건축 전반에 분명 절대적인 영향을 미쳤다. 비트루비우스는 카이사르와 아우구스투스를 위해 일한 로마의 건축가였다.

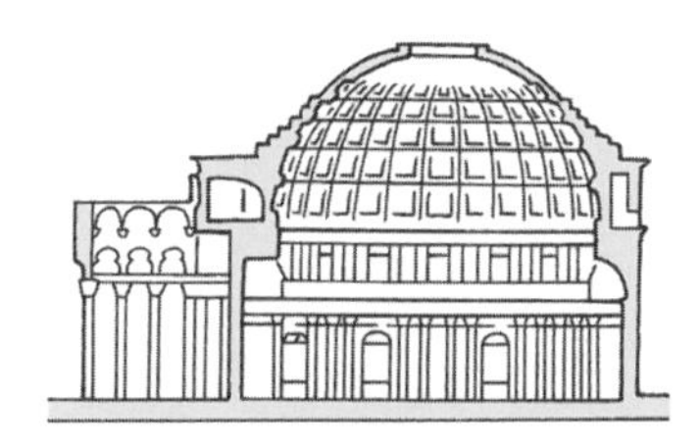

판테온
설계: 아그리파(기원전 63~기원전 12년)
📍 이탈리아 로마, 기원전 25년 준공(이후 소실), 118~128년에 하드리아누스 황제가 재건

지름 약 43m의 원통 위에 반구 돔을 올린 고대 로마의 걸작. 상부로 갈수록 콘크리트 골조의 무게를 가볍게 하여 안정된 구조를 실현했다. 초대 황제 아우구스투스의 심복 아그리파가 건축했다.

식에 그리스에서 전해진 도리스, 이오니아, 코린트 양식이 합쳐졌으며 이오니아와 코린트를 합친 콤퍼지트식, 코니스(기둥이나 벽면에 수평의 띠 모양으로 돌출한 장식 띠)와 프리즈(코니스 아래에 위치한 부분) 사이에 S자형 까치발을 더한 로마형 코린트 양식도 생겨났다. 기둥과 볼트의 융합도 일어났다. 기능 면에서도 새로운 시도가 많이 이루어져 다양한 오락 시설과 기념문이 세워졌다.

이러한 고대 로마의 건축은 비잔틴 건축은 물론이고 로마 고전의 부흥을 제창한 르네상스 건축 등 후대 건축사에 매우 큰 영향을 미쳤다.

✎ 오락 시설로는 콜로세움을 비롯하여 원형 대회장, 극장, 목욕탕 등이 건설되었다. 특히 목욕탕은 사교 시설로서도 중요한 역할을 했다.

바실리카 교회의 탄생과 돔의 융합

초기 기독교 건축과 비잔틴 건축

4~15세기, 동로마 제국 주변

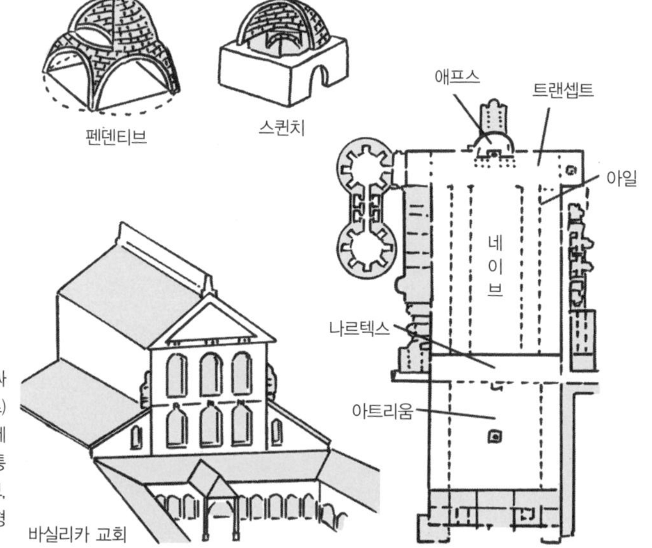

바실리카 교회는 회랑으로 둘러싸인 아트리움을 지나 현관(나르텍스)으로 들어가는 구조다. 기독교 세례를 받은 자만이 나르텍스를 통과할 수 있는데, 안쪽에는 네이브, 네이브와 직결된 트랜셉트, 반원형 애프스가 있다.

313년, 콘스탄티누스 황제가 밀라노 칙령을 내려 기독교를 공인하자 사람들은 이상적인 교회당을 찾기 시작했다. 그 결과 고대 로마의 각 도시에 건설되었던 '바실리카'라는 집회 시설이 적당하다고 여겨져 바실리카 교회당이 많이 생겨났다. 산타마리아 마조레 성당이 그 좋은 사례다.

로마는 330년에 콘스탄티노플로 수도를 옮겼고 395년에는 동서로 분열되었다. 그중 서로마 제국은 게르만 민족을 비롯한 여러 민족의 침입으로 백 년도 가지 못했으나 동로마 제국은 천 년에 달하는 번영을 누렸다. 그래서 동로마 제국의 비잔틴 건축이 발전을 거듭할 수 있었다.

비잔틴 건축가들은 직사각형의 바실리카에 돔을 올려놓으려고 애썼다. 이미

초기 기독교 건축의 대표작

산타마리아 마조레 성당

설계: 미상, 수리: 페르디난도 푸가

이탈리아 로마, 432~440년경(13, 17, 18세기에 개축)

일반적인 바실리카 교회당 형식. 회랑으로 둘러싸인 아트리움, 나르텍스로 불리는 현관 복도, 높은 네이브(좌우 측랑 사이에 낀 중심부), 낮은 측랑(아일, 측면에 줄지어 늘어선 기둥의 밖에 있는 복도)으로 구성되며, 안쪽에는 애프스(입구의 맞은편 벽면에 설치한 반원형 또는 다각형의 돌출부)로 불리는 제단이 있다. 천장은 목조이며 천장 가까이에는 고측창으로 불리는 채광창이 나란히 나 있다. 이 성당은 4대 바실리카(성당) 중 하나인 기독교 교회당으로, 여러 번 개조를 거쳤는데도 네이브 위의 격자 천장 등 초기 기독교 교회당의 실내 구조가 잘 남아 있다.

건축사의 기적

아야 소피아

설계: 안테미우스, 이시도로스(?~?)

터키 이스탄불, 532~537년

기하학자로도 유명한 안테미우스가 설계한 것으로 명확히 밝혀진 건물은 이 아야 소피아뿐이다. 건축물을 기하학이 적용된 구체적 사물로 표현한 그는 532년에 유스티니아누스 황제에게 기용되어 아야 소피아의 설계를 맡았다. 안테미우스를 도운 이시도로스도 처음에는 기하학자였다. 이 성당은 건설 당시 100명의 감독과 1만 명의 기술자가 건축에 참여했는데, 그 규모와 공간의 장대함 때문에 기적으로 불릴 때가 많다.

위에서부터 돔, 펜덴티브 돔(비잔틴 돔이라고도 한다), 반구 돔 쪽으로 하중이 물 흐르듯 전달되게 했으며, 개구부를 많이 내서 실내를 널찍하고 밝게 만들었다.

77×71.2m의 정사각형에 가까운 평면에 지름 31m, 높이 51m의 거대한 돔이 올라가 있다.

볼트, 스퀸치(정사각형의 평면 위에 돔을 올리기 위한 장치), 트롬프(직사각형 평면 위에 원형 또는 다각형 평면을 얻기 위해 빈 모퉁이에 아치를 채워 넣은 것) 등 다양한 기술이 있었지만 그 규모에 한계가 있었다. 그래서 고안된 것이 돔을 평면에 외접하여 올리는 펜덴티브 기술인데, 이 기술을 활용하면 돔의 하중을 원활하게 네 구석으로 전달하여 더 큰 조립 구조물, 그리고 더 많은 창을 만들 수 있었다.

이처럼 비잔틴 건축은 초기 기독교의 전통적 바실리카 평면과 신의 존재를 상기시키는 돔을 대규모로 융합하는 데 성공했고, 그 결과 아야 소피아라는 걸작을 만들어냈다.

아트리움은 앞뜰, 나르텍스는 현관 복도, 트랜셉트는 본당과 부속 건물을 연결해주는 교차부다. 나르텍스는 이교도의 출입을 경계하는 역할을 한다.

지방색이 풍부하게 드러나는

로마네스크 건축

11~12세기, 서유럽

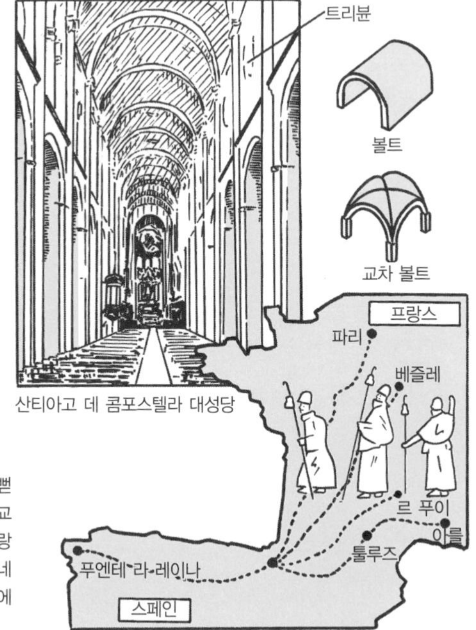

로마네스크 시대에는 아치가 원통 모양으로 뻗어나간 터널 볼트와 이것을 수직으로 교차한 교차 볼트가 대중화되었다. 한편 순례 길은 프랑스 파리, 베즐레, 르 퓌이, 프로방스(아를) 등 네 곳에서 출발하여 스페인의 푸엔테 라 레이나에서 합류하는 식이었다.

로마네스크 건축은 카롤링거 제국의 분열과 야만족※의 침입의 혼란이 가라앉은 직후인 11세기부터 꽃피기 시작했다. 그때부터 사람들은 지방의 독립과 자치를 의식하며 서유럽의 원형을 만들었다. 그 때문인지 이 시대의 작품에는 기술과 재료의 차이에 따른 지방색이 풍부하게 드러난다. 또 이때 『요한계시록』의 종말 사상의 영향으로 유물 숭배와 성지 순례 열풍이 일어났는데, 이에 클루니 수도회가 스페인 서쪽 끝의 산티아고 데 콤포스텔라 대성당을 유럽 최대의 순례지로 조성하고 순례 길 근처의 교회와 수도원을 순례 코스에 포함하여 기독교에 큰 발전을 가져왔다.

순례 길의 기점을 여럿 보유한 프랑스의 경우, 로마네스크 건축이 네이브의

※ 로마인은 서고트족, 동고트족, 프랑크족 등 게르만 민족들을 '야만인'으로 불렀다.

이탈리아 로마네스크 건축의 대표작

피사 대성당

설계: 부스케투스(?~1080년경), 라이날두스(12세기)

이탈리아 피사, 1063~1118년

이탈리아의 로마네스크를 대표하는 건물. 오랑(五廊) 형식과 십자형 평면은 파사드의 명판에 이름이 새겨진 부세토가 설계한 것이다. 한편 12세기 말에 이르러 라이날두스가 네이브를 연장해 파사드를 완성했다. 붉고 흰 대리석이 만들어내는 줄무늬가 인상적이다.

이탈리아 로마네스크의 바실리카 교회

산미니아토 알 몬테 성당

설계: 미상

이탈리아 피렌체, 1018~1062년

피렌체 거리가 한눈에 내려다보이는 언덕 위에 지어진 성당. 초기 기독교의 바실리카에 있었던 목조 천장 형식을 답습했다. 그 특징적인 단면이 다른 색의 대리석으로 조성된 파사드에 잘 드러나 있다. 건축가는 알려지지 않았다.

청빈을 형상화한 로마네스크 수도원의 걸작

르 토로네 수도원

설계: 시토 수도회(1098년 설립)

프랑스 프로방스, 1160~1200년경

12세기의 신학자 성 베르나두스가 이끄는 시토회는 장대하고 화려한 것을 부정하는 금욕적 이념을 고수했다. 이 건물은 그 정신을 가장 잘 표현하면서도 당초의 모습을 잘 보존하고 있다. 수도사들은 이 수도원이 위치한 부르고뉴 지방의 건물들을 견본으로 삼았다고 한다.

구조에 따라 세 유형으로 나뉜다. 첫째는 터널 볼트와 교차 볼트를 걸쳐서 트리뷴(성당의 측랑 및 나르텍스 위의 2층)을 설치한 유형으로, 순례 길 부근의 교회 대부분이 여기에 해당한다. 둘째는 트리뷴이 없는 유형이다. 셋째는 돔을 늘어세운 유형인데, 이 돔에는 이슬람과 비잔틴 건축의 영향이 강하게 드러난다.

한편 이탈리아에서는 초기 기독교 건축, 즉 바실리카의 전통이 유지되었다. 산미니아토 알 몬테 성당이 그 좋은 예다. 이탈리아의 로마네스크 건축을 대표하는 피사 대성당의 경우, 초기 기독교 교회 양식뿐만 아니라 이슬람과 비잔틴, 고대 로마 등의 다양한 건축 요소가 밝은 색의 대리석 파사드(건물의 정면, 입면 또는 외관) 안에 적용되었다.

✎ 르 코르뷔지에(116쪽)는 라 투레트 수도원을 설계할 때 르 토로네 수도원에서 깊은 영향을 받았다고 한다.

더 높고 더 밝고 환상적인 공간을 향해

고딕 건축

12세기 중엽~15세기경, 서유럽

고딕 건축은 기둥 간격보다 넓은 원을 교차한 첨두 아치, 작은 기둥 여럿을 묶어 만든 큰 기둥과 그 기둥에서 바로 이어져 상승감을 자아내는 리브 볼트, 밖으로 퍼지려는 아치의 힘을 억누르는 플라잉 버트레스, 버트레스 위에 설치한 피나클(작은 첨탑) 등의 기술을 활용하여 공간을 높게, 실내를 밝게 만들려 한 것이 특징이다.

고딕 건축은 12세기 중엽 프랑스 중북부인 일 드 프랑스(Ile de France)에서 시작되었다. 형태적인 특징은 첨두 아치, 리브 볼트(교차 볼트의 교차선 아래에 갈빗대 모양의 볼트로 보강한 볼트), 플라잉 버트레스(건물 외벽이 무너지지 않도록 설치하는 버팀벽)에 있다. 이것들은 로마네스크 건축에서도 일부 등장했지만, 고딕 건축에서는 더 경쾌해져 대형 스테인드글라스와 함께 밝고 환상적인 공간을 만들어냈다.

고딕 건축도 초기에는 트리뷴 등 로마네스크 건축의 요소가 남아 있어 내부가 4층이 되는 사례가 있었지만 13세기 전반부터는 고딕의 전형적인 형식, 즉 아미앵 대성당 같은 3층이 주를 이뤘다. 이 양식을 고전 고딕이라 하는데, 그 결과

고딕 시대의 개막

생드니 대성당

설계: 쉬제르(1081~1151년), 피에르 드 몽트뢰유(1200?~1267년)

📍 프랑스 생드니, 1140~1144년(부속 성당 개축 공사), 1231~1281년(재건 공사)

생드니 수도원 부속 성당의 내진(성직자, 수도사가 사용하는 성당의 안쪽 공간)은 고딕 시대의 개막을 알린 공간으로, 쉬제르 수도원장의 지휘 하에 개축되어 1144년에 헌당되었다. 한편 이후의 재건 작업은 레요낭 양식의 대표로 꼽히는 건축가 몽트뢰유의 지휘하에 진행되었다. 그의 묘비에는 '석공의 마에스트로'라는 말이 새겨져 있다.

독일식 고딕 건축

장크트 마르틴 성당

설계: 한스 슈테트하이머(1350?~1432년)

📍 독일 장크트 마르틴, 1380~1500년경

슈테트하이머는 네이브와 측랑의 높이가 같은 할렌키르헤 형식을 고안한 고딕의 대표 건축가다. 장크트 마르틴 성당은 그의 대표작이자 그가 잠들어 있는 곳이다.

고딕 대성당의 대표작

아미앵 대성당

설계: 로베르 드 뤼자르슈(1160~1228년)

📍 프랑스 아미앵, 1220~1410년경

아미앵 대성당은 고전 고딕의 대표적인 건물로 유명하다. 1118년에 화재가 일어난 후 뤼자르슈가 재건 계획을 세우고 정면 파사드를 재건했다. 그 후 토마 드 코몽과 그의 아들 르노가 뤼자르슈의 설계에 따라 네이브를 완성했다고 한다.

천장 가까이에 낸 고창(高窓)이 커져서 내부가 한층 밝아졌다. 고전 고딕 건축은 점차 높이나 화려함을 추구하여, 나중에는 원형 창문 안에 방사상의 격자를 넣어 화려하게 꾸민 레요낭 양식, 14세기 후반에는 다양한 곡선을 활용하여 불꽃 모양을 내는 플랑부아양('불꽃이 타는 듯한'이라는 뜻) 양식을 낳았다.

고딕 양식은 프랑스에서 주변국으로 퍼져 나갔으며, 특히 13세기에 이를 받아들인 독일에서는 네이브와 측랑을 같은 높이로 만든 할렌키르헤 형식이 크게 유행했다. 독일 교회들은 측랑까지 감싸 안은 커다란 박공지붕(건물의 모서리에 추녀 없이 용마루까지 삼각형 지붕이 연결된 형식)을 도입했고, 그 결과 대규모의 홀을 얻을 수 있었다. 장크트 마르틴 성당이 그 좋은 예다.

✎ '고딕'이라는 말은 게르만계 민족인 '고트족'에게서 유래한다. 처음에는 '야만적'이라는 뜻의 멸시하는 말이었지만 차차 중세 미술 양식을 이르는 말로 자리 잡았다.

제2장

르네상스 시대의 건축가

—

필리포 브루넬레스키
레온 바티스타 알베르티
도나토 브라만테
미켈란젤로 부오나로티
미마르 시난
줄리오 로마노
안드레아 팔라디오
이니고 존스
포스트니크 야코블레프

—

르네상스 시대를 연 건축가

필리포 브루넬레스키

1377~1446년, 이탈리아

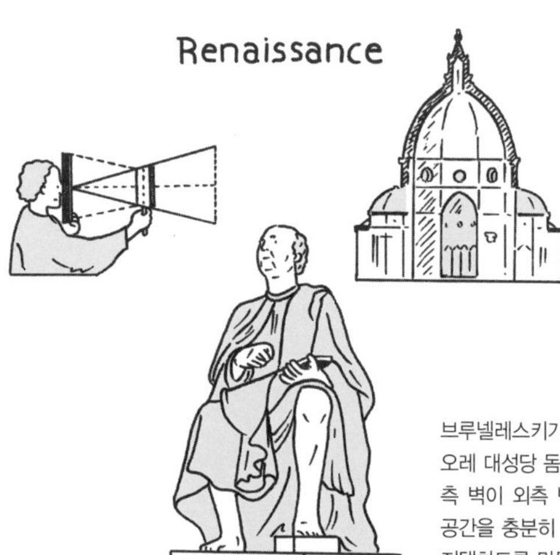

브루넬레스키가 고안한 산타마리아 델 피오레 대성당 돔의 팔각형 이중각 구조. 내측 벽이 외측 벽보다 두꺼운데다 가운데 공간을 충분히 비워 내측 벽이 외측 벽을 지탱하도록 만들었다.

필리포 브루넬레스키는 피렌체 출신의 건축가이자 르네상스 양식의 창시자로 꼽히는 인물이다. 최초로 투시도법을 사용했다고 하니 넓은 뜻에서 근대적 건축의 문을 연 인물이기도 하다. 그는 원래 금은세공사이자 조각가였지만, 1418년 산타마리아 델 피오레 대성당의 돔 설계 대회에서 팔각형 이중각 구조안으로 당선된 후 건축가로 전향했다. 그 후 그가 설계한 피렌체 인노첸티 고아원은 코린트식 원기둥, 반원 아치, 엔타블러처(기둥이 떠받치는 수평 부분), 페디먼트(정면 상부에 있는 박공 부분, 삼각형의 장식 지붕) 등 고전적 모티프가 다양하게 사용되었다는 이유로 건축사상 최초의 르네상스 건축 작품으로 꼽힌다.

또 산토스피리토 성당에서는 측랑의 폭을 기준 삼아 내부 공간 전체에 비례 관계를 적용하는 등 극히 합리적인 기법으로 설계를 진행했다. 성당의 평면도를 보면 라틴 십자가 형태를 기본으로 익랑(십자가의 팔 부분)과 내진을 포함한 모든 방

피렌체의 상징

산타마리아 델 피오레 대성당의 돔

이탈리아 피렌체, 1420~1436년

피렌체의 르네상스 시대를 상징한다고 평가받는 작품. 건물은 1296년에 완공되었으나 전례 없는 대규모 돔을 조립하기가 무척 어려워서 1418년에 돔 설계 대회까지 열렸다. 여기서 당선된 것이 브루넬레스키의 설계안으로, 그 결과 지상 55~120m에 이르는 대규모의 돔이 피렌체 거리에 등장했다.

고전적 모티프로 꾸며진 최초의 르네상스 건축

피렌체 인노첸티 고아원

이탈리아 피렌체, 1419~1445년

가는 기둥, 완만한 반원 아치로 구성된 경쾌하고 개방적인 로지아(이탈리아 건축에서 한쪽 벽이 없이 트인 방이나 홀을 이르는 말), 그리고 코린트식 원기둥, 엔타블러처, 페디먼트 등 고전적 모티프가 고루 배치된 파사드가 특징이다. 둔중한 고딕 시대가 끝나고 르네상스 시대가 시작되었음을 알리는 작품이다.

향에 측랑을 두르고 교차부 위에 돔을 올림으로써 중앙식 교회(평면이 다각형이거나 원형인 교회) 형식을 취하였다는 점을 알 수 있다. 이는 고대 로마의 건축을 떠올리게 한다. 이후 산타마리아 델리 안젤리 성당에서는 팔각형 평면을 채용하여 완전한 중앙식 교회 공간을 구축하려 했다. 로마를 방문했던 경험에서 나온 발상이라고 하는데, 이러한 시도는 합리성과 고전·고대의 문화를 중시하는 르네상스 시대의 개막을 상징한다.

Profile

Filippo Brunelleschi

1377년	이탈리아 피렌체에서 태어남
1402~1409년	로마 방문
1404년	견직물업조합의 정회원이 됨
1413~1416년	투시도법적 표현을 활용한 판화 제작
1418년	산타마리아 델 피오레 대성당의 돔 설계 대회에 참여
1419~1445년	피렌체 인노첸티 고아원
1434~1436년경	산토스피리토 성당
1435년	산타마리아 델리 안젤리 성당 기공(1437년에 공사 중단)
1446년	피렌체에서 사망

브루넬레스키는 조각가로서 피렌체 대성당의 청동 문을 제작하는 대회에 참여했으나 로렌초 기베르티에게 패했고 그 후 돔 설계 대회를 통해 건축가로 전향했다. 두 사람의 출품작 〈이삭의 희생〉은 현재 바르젤로 미술관에 보관되어 있다.

다양한 학문에 정통한 르네상스 초기의 건축가

레온 바티스타 알베르티

1404~1472년, 이탈리아

비트루비우스의 『건축십서』의 영향을 받은 알베르티는 브루넬레스키가 사용한 투시도법을 이론화하는 등 예술 이론의 기초를 닦았다.

레온 바티스타 알베르티는 피렌체의 명문가에서 태어나 건축, 회화, 조각, 문학, 수학 등 다양한 분야에 정통했던 인물이다. 또 인문학자로 활약하며 건축에도 종사한 최초의 딜레탕트※ 건축가이기도 하다. 그뿐만 아니라 건설과 디자인을 명확히 구분하여, 시공이 아닌 디자인 자체에서 원작자의 개성을 찾는 새로운 건축가상을 체현한 인물이기도 했다.

알베르티는 다양한 분야의 책을 남겼으며, 그중 『회화론』과 『건축론』은 르네상스의 규범에 기초하여 예술 이론을 구축한 저작으로서 매우 중요하다. 『회화론』에서 알베르티는 회화의 구성 요소를 점, 선, 면으로 환원하는 기하학적 분석법을 이야기하면서 사상 최초로 원근법 이론을 제시하여 르네상스 이후 예술 이론의 초석을 마련했다. 그 후 저술한 『건축론』에서는 고대 로마 건축가 비트루비

※ dilettante, 문학, 미술 등 다양한 학문·예술 일반의 애호가

커다란 페디먼트로 장식된 개선문 같은 파사드. 터널 모양의 아치와 부주로 구성되어 있다.

터널형 볼트로 뒤덮인 네이브

파사드 디자인의 발명

팔라초 루첼라이

이탈리아 피렌체, 1446~1451년

고대 로마의 콜로세움처럼 기둥을 3층으로 쌓았다. 필라스터(벽 위에 각진 기둥을 평평하게 만들어 붙인 것)로 파사드를 분절한 최초의 건물로, 전체의 조화가 중시된 디자인이 특징이다.

내외로 조화를 이룬 알베르티의 마지막 작품

산탄드레아 성당

이탈리아 만토바, 1472~1732년

측랑 부분에 예배실을 나란히 배치했다. 네이브의 양쪽에 닫힌 예배당과 열린 베이(기둥과 기둥 사이의 한 구획)가 교대로 이어지는 구성으로, 건물 전체가 같은 비례와 모티프에 기초하여 디자인되어 있다. 알베르티가 마지막으로 설계한 작품.

르네상스의 합리성을 표현한 비례 관계

산타마리아 노벨라 성당의 파사드

이탈리아 피렌체, 1456~1470년

네이브와 측랑 지붕의 어긋난 부분을 소용돌이 모양의 패턴으로 연결함으로써 고대의 신전처럼 일체감 있는 파사드를 완성했다. 모든 요소가 정사각형을 이용한 비례 관계로 설계되어 있어 르네상스의 합리적인 가치관이 엿보인다.

우스의 이론서 『건축십서』(15쪽)와 유적 연구를 통해 고대 건축의 미적 규범이 엄밀한 비례 관계에 있었음을 밝혀냈다. 실제로 그는 산타마리아 노벨라 성당의 파사드 등을 통해 정사각형 패턴을 기본으로 한 비례적 디자인을 보여주었다. 자신의 건축 이론을 실제 건축 설계에 적용함으로써 르네상스의 정신을 건축 양식으로 구현하는 데 성공한 것이다.

Profile

Leon Battista Alberti

1404년	이탈리아 제노바에서 태어남
1418년~	볼로냐에서 공부
1428년	알베르가티 주교를 따라 유럽을 여행함
1431년	로마에서 고대 건축 등을 배움
1434~1435년	피렌체 방문
1435년	『회화론』 출간
1446~1451년	팔라초 루첼라이
1452년	『건축론』 출간
1456~1470년	산타마리아 노벨라 성당의 파사드
1472년	로마에서 사망
1472~1732년	산탄드레아 성당

고대의 미를 되살린 전성기 르네상스 건축의 창시자

도나토 브라만테

1444(?)~1514년, 이탈리아

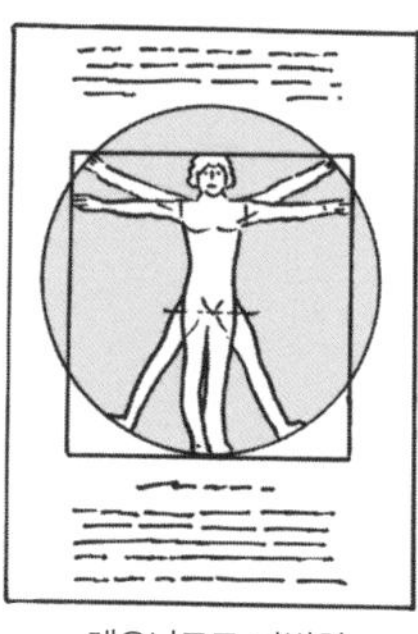

도나토 브라만테

레오나르도 다빈치

전성기 르네상스, 즉 브라만테와 같은 시대의 예술가로 만능인인 레오나르도 다빈치를 들 수 있다. 그는 비트루비우스의 『건축십서』를 참고하여 인체의 이상적인 비례 관계를 표현한 소묘를 남겼다.

도나토 브라만테는 이탈리아 중부의 도시 우르비노 근교에서 태어나 1477~1499년 무렵까지는 주로 밀라노에서, 1499~1514년 무렵에는 로마에서 활약했다. 16세기에 이미 희대의 건축가로 평가받은 그는 전성기 르네상스 양식의 창시자이기도 하다.

브라만테는 처음에는 화가로 활동했지만 점차 건축에 관심을 갖고 건축 설계 일을 하게 되었다. 밀라노에서 건축가로 활동하던 시절의 작품으로는 산타마리아 프레소 산사티로 성당이 있다. 이 작품은 내진 부분에 투시화법을 응용한 부조를 도입함으로써 실제보다 공간이 깊어 보이는 착각을 불러일으킨다.

1499년에 로마로 이주한 뒤 그의 작풍은 엄격하고 장중하게 바뀌었다. 엄밀한 비례 관계와 고전을 연구한 끝에 마침내 전성기 르네상스의 막을 올렸다. 그 도

고대 건축에 비견된 완전한 조화의 세계

산피에트로 인 몬토리오 성당의 템피에토

이탈리아 로마, 1502~1510년

기둥과 건물 형태에 고전적 모티프가 쓰였고 건물 전체에 동일하고 단순한 비례가 적용되었다. 지름 8m, 높이 5m 정도의 작은 원형 건물에 완전한 조화가 깃들어 있다.

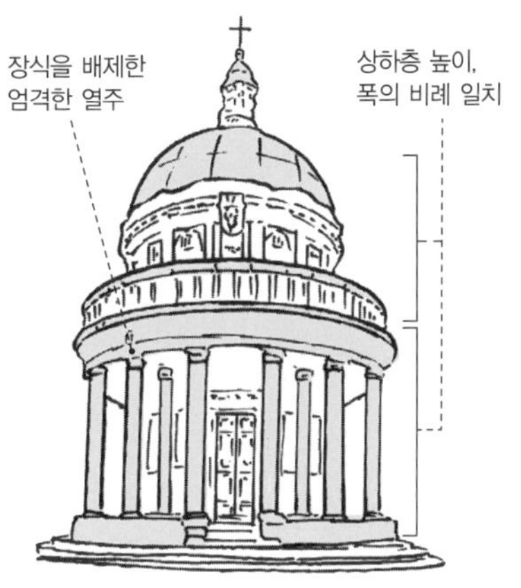

정원 디자인에 영향을 미친 역동적인 공간 구성

바티칸 궁전의 벨베데레 중정

이탈리아 로마, 1504~1585년

원래 브라만테의 설계안에서는 광대한 부지의 긴 축을 따라 계단식 테라스가 상승하여 북단의 테라스에 이르고, 북단 테라스의 제일 안쪽에는 반원형의 큰 니치(장식을 위하여 벽면을 오목하게 파서 만든 공간)가 있는 미술관이 위치하는 등 역동적인 공간이 계획되어 있었다. 그러나 브라만테가 사망한 후 설계안이 변경되었고 중정의 규모도 축소되었다.

달점이라 부를 만한 산피에트로 인 몬토리오 성당의 템피에토(기념예배당)는 르네상스의 본보기인 고대 건축에 비견되는 당대 최초의 건물로서, 16세기 건축가인 안드레아 팔라디오(36쪽)에게서 최고의 찬사를 받았다. 브라만테의 작품은 이후 마니에리슴(mannerism, 기교주의로도 불리는 화려한 기교와 표현이 특징인 예술 양식-옮긴이) 시대의 건축가들에게 큰 영향을 미쳤다.

Profile

Donato Bramante

1444년경	이탈리아 우르비노 지방에서 태어남
1477년경	밀라노 이주
1492년	산타마리아 델레 그라치에
1499년	로마 이주
1502~1510년	산피에트로 인 몬토리오 성당
1504년경	바티칸 궁전의 벨베데레 중정 착공
1505년	산피에트로 대성당 계획안 작성
1506년	교황 율리우스 2세에게 산피에트로 대성당의 주임 건축가로 발탁
1514년	로마에서 사망

✎ 산피에트로 대성당(성 베드로 대성당)은 원래 326년에 헌당되었지만 르네상스 시대에 여러 번의 개축이 이루어졌다. 브라만테가 개축 작업의 주임 건축가를 역임한 후 라파엘로, 페루치, 상갈로, 미켈란젤로, 마데르노 등이 책임을 이어받아 17세기까지 공사를 계속했다.

서양 미술사 위에 군림하는 신과 같은 예술가

미켈란젤로 부오나로티

1475~1564년, 이탈리아

시스티나 예배당 벽화

미켈란젤로는 건축 작품 이외에도 다비드상, 시스티나 예배당 벽화, 라우렌치아나 도서관의 열람석, 피에타상 등 다양한 걸작을 남겼다.

미켈란젤로 부오나로티는 이탈리아 피렌체 근교의 카프레제에서 태어난 건축가이자 전성기 르네상스와 마니에리슴 시대를 대표하는 인물이다. 조각, 회화, 건축 등 다양한 예술 분야에서 활약하여 동시대 화가이자 건축가인 조르조 바사리(Giorgio Vasari)에게 "신과 같다"는 칭송을 받는 등 당대에 이미 신격화될 정도로 탁월한 재능을 펼쳤다.

미켈란젤로는 어릴 때부터 그의 예술적 재능을 알아본 메디치가의 수장 로렌초 데 메디치의 후원을 받았다. 초기 대표작으로는 피렌체에 있는 라우렌치아나 도서관 전실을 꼽을 수 있다. 이곳에는 맹창※, 벽에 박혀 있는 기둥, 부재를 떠받치지 않는 까치발 등 고전적 규범에 얽매이지 않는 마니에리슴적이고 자유로운 공간이 펼쳐져 있다.

※ 盲窓, 빛이나 바람이 통하지 않는 장식용 창

미켈란젤로의 초기 대표작

라우렌치아나 도서관

이탈리아 피렌체, 1523~1534년

메디치가의 장서관으로, 열람실로 통하는 전실을 미켈란젤로가 만들었다. 가로세로 10m, 높이 15m의 위로 길쭉한 공간으로, 도서관 전체의 길고 낮은 공간과 대비된다.

바로크 시대의 개막을 예감하게 하는

캄피돌리오 광장

이탈리아 로마, 1536년경~1655년

캄피돌리오 언덕 위의 광장. 진입로인 큰 계단, 광장 중앙의 기마상, 광장을 둘러싼 건물이 하나의 축으로 이어지면서 동적인 느낌의 바로크식 광장을 만들어냈다.

수많은 건축가들이 도전한 대형 돔

산피에트로 대성당의 돔

이탈리아 로마, 1546~1590년경

산피에트로 대성당은 1506년 브라만테의 설계하에 착공되었으나 브라만테가 사망한 후 건축가가 여러 번 변경되었고, 결국 1546년에 미켈란젤로가 주임 건축가로 부임했다. 그는 높은 드럼, 첨탑형 돔을 도입하여 성당을 더욱 동적인 형태로 만들었다.

만년에는 피렌체를 떠나 로마에서 지내며 산피에트로 대성당과 캄피돌리오 광장 등을 설계했다. 산피에트로 대성당에서는 높은 드럼(원통 모양의 석재) 위에 돔을 얹어서 역동적인 느낌을 냈는데, 여기서 바로크 시대의 개막을 예감할 수 있다. 이렇게 미켈란젤로는 르네상스, 마니에리슴, 바로크로 이어지는 장대한 시대의 변화를 알아채고 그것을 예술 작품으로 구현해나갔다.

Profile

Michelangelo Buonarroti

1475년	이탈리아 피렌체 근교에서 태어남
1488년	화가 기를란다요에게서 그림을 배움
1489년	메디치가에서 조각가 훈련을 받음
1496년	로마로 이주
1504년	다비드상
1508~1512년	시스티나 성당 벽화
1520~1534년	메디치 예배당
1523~1534년	라우렌치아나 도서관
1535년	교황 바오로 3세에게 바티칸의 화가, 조각가, 건축가로 임명받음
1536년경~1655년	캄피돌리오 광장
1546년	팔라초 파르네제
1546년~	산피에트로 대성당
1561년	포르타 피아(피아 성문)
1564년	로마에서 사망

✎ 미켈란젤로는 카프레제 마을로 파견된 집정관의 아들로 태어나서 출생 기록이 남아 있다. 카프레제 마을은 미켈란젤로 덕분에 이름이 '카프레제 미켈란젤로'로 바뀌었다.

반세기에 걸쳐 오스만 제국에 봉사한 궁정 건축가

미마르 시난

1494(?)~1588년, 터키

모스크는 이슬람교의 예배 장소로서는 물론 집회 장소나 학교의 역할도 했다. 이슬람 건축의 모스크는 대개 기둥이 많은 다주식(多柱式)이지만 오스만 제국에서는 예배당 중앙에 돔을 올린 형식을 주로 썼다.

미마르 시난은 이슬람 건축사에서 유난히 눈길을 끄는 건축가다. 약 50년 동안 오스만 궁정의 주임 건축가로 일하며 세 명이나 되는 술탄(이슬람 세계의 군주)을 섬겼기 때문이다. 그는 오스만가의 사람들은 물론 지방 장관, 대상인까지 후원자로 만들었고, 이스탄불을 중심으로 동유럽과 시리아 왕국 등 광대한 지역에 무려 400~500개나 되는 구조물을 만들었다. 그중에서도 시난 스스로 최고의 예술품으로 평가한 것이 셀리미예 모스크다. 이곳의 네 개의 미나레트(첨탑) 안쪽에는 한 변이 40m를 넘는 예배당이 있으며, 그 위의 돔은 지름이 약 31m, 높이가 약 42m나 된다. 시난은 눈높이에서부터 돔까지 384개의 개구부를 균등하게 배치하여 예배당이 균일한 빛으로 채워지도록 했다.

이처럼 거대한 건물을 어떻게 지었을까? 아마도 오스만의 건축가들이 군사 원

시난 스스로 인정한 최고의 걸작

셀리미예 모스크

📍 터키 에디르네, 1568~1574년

오스만 황제 세림 2세의 명령에 따라 건립된 모스크. 이슬람의 모스크는 다주식이 기본이지만 오스만 제국에서는 돔이 자주 쓰였다. 이 모스크의 평면은 아래로부터 사각형, 팔각형, 돔으로 이어지며, 네 모퉁이에는 반구 돔이 설치되어 있다.

네 모퉁이에 세워진 첨탑을 미나레트라고 한다. '불을 붙이는 장소'라는 뜻이다.

돔을 빙 둘러 설치된 개구부 덕분에 내부 공간이 밝고 경쾌하다.

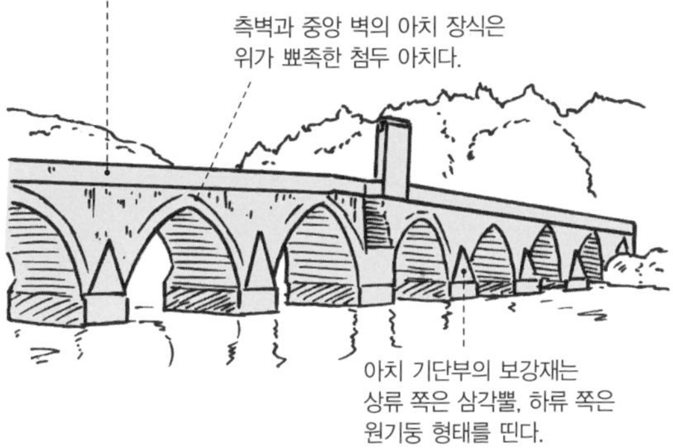

오스만이 자랑하는 고도의 토목 기술

메흐메드 파사 소콜로빅 다리

📍 보스니아 헤르체고비나 비세그라드, 16세기 말

오스만 제국의 대재상 메흐메드 파사 소콜로빅의 명령에 따라, 이스탄불에서 북서쪽으로 약 850㎞ 떨어진 곳에 건설한 다리. 오스만 제국의 건축 기술을 보여주는 구조물로 2007년에 유네스코 세계문화유산에 등재되었다.

정에 동행했기 때문일 것이다. 그들은 원정지에서 도로와 교량, 수로 등 토목 공사의 설계나 건설을 맡았다. 시난도 원래 군대의 공병으로 원정에 동행하는 과정에서 출세하였다. 그가 만든 작품을 보면 토목 공사에서 터득한 기술과 다양한 지역에서 얻은 아이디어 등 군대에서의 경험이 잘 드러난다.

Profile

Mimar Sinan

1494년경	터키 아나톨리아 중부의 카이세리에서 태어남
1512년	징병되어 예니체리 군단에 공병으로 입대
1539년	오스만 제국 궁정 주임 건축가로 취임
1557년	술레이마니에 모스크
1560년경	마글로바 수도교
1568~1574년	셀리미예 모스크
1570년경	미흐리마 술탄 모스크
1572년	소콜루 메흐메트 파샤 모스크
1588년	이스탄불에서 사망

✎ 이슬람 세계에서는 건축가의 존재를 경시하여 후원자의 이름만 남기는 경우가 많았다. 따라서 공적인 역사서에는 등장하지 않는다. 후세까지 이름이 남은 시난은 그만큼 이례적인 존재였던 셈이다. 시난은 술레이만 대제의 장례를 그린 세밀화에서도 관을 인도하는 사람으로 그려져 있다.

마니에리슴을 개척한 자유롭고 환상적인 예술가

줄리오 로마노

1499(?)~1546년, 이탈리아

팔라초 델 테는 '프시케의 방', '거인의 방', '말의 방'(만토바는 말의 명산지로 유명했음) 등 모든 방에 훌륭한 벽화가 그려진 것으로도 유명하다.

줄리오 로마노는 이탈리아 로마에서 태어난 건축가 겸 화가로, 역사적으로는 마니에리슴이라는 표현 양식을 개척한 인물로 평가받는다. 마니에리슴이란 16세기 유럽 건축의 대표적인 양식인데, 균형과 조화를 중시한 르네상스 양식과는 대조적으로 균형을 무너뜨리는 부조화를 지향하는 것이 특징이다.

로마노는 전성기 르네상스를 대표하는 건축가 겸 화가인 라파엘로 산치오(Raffaello Sanzio)에게 예술을 배웠고, 활동을 시작한 후에는 그의 조수로 일하면서 바티칸 궁전의 벽화 장식과 빌라 마다마의 건축에 참여했다. 그러다 만토바의 영주 페데리코 곤자가 2세에게 발탁되어 궁정 미술가가 된 후 별궁인 팔라초 델 테를 지었다. 팔라초 델 테는 로마노가 설계하고 장식한 작품으로, 그의 최고의 걸작으로 꼽힌다. 또 로마노가 만년에 설계한 자택인 로마노 하우스는 전체적으

고전적 규범에 얽매이지 않은 환상적인 별궁

팔라초 델 테

이탈리아 만토바, 1535년

곤자가 일가의 별궁으로 지어졌다. 고전적 법칙과 비례에 얽매이지 않은 자유로움과 환상적인 분위기 덕분에 로마노의 최고 걸작으로 꼽힌다. 건물의 중정 쪽 벽면에는 기둥 사이의 트리글리프(아키트레이브와 그 위의 코니스 사이를 연결하는 세 줄의 수직적 장식 요소)가 한 장씩 흘러내리면서 바로 밑의 아키트레이브도 부분적으로 흘러내리는 것처럼 보이는, 신비한 형태 조작이 이루어져 있다.

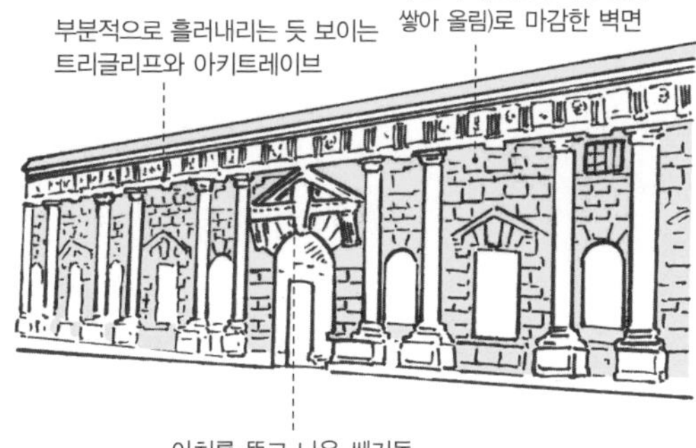

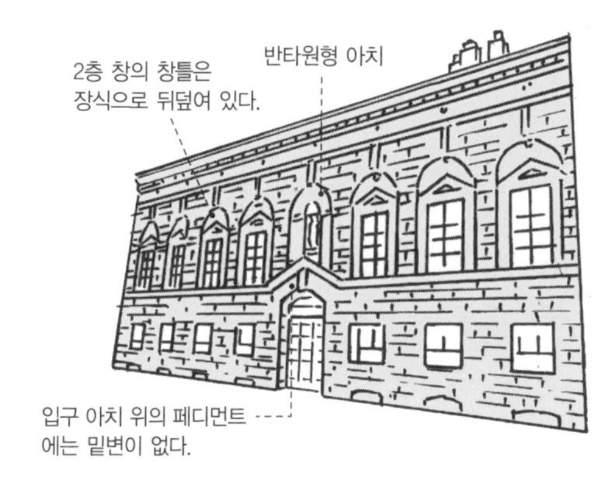

자유로운 기법으로 만든 마니에리슴의 대표작

로마노 하우스

이탈리아 만토바, 1544년경

로마노의 만년 작품. 그의 원숙한 양식과 마니에리슴의 특징을 잘 보여주는 건물이다. 외관은 전체적으로 극히 단정하게 디자인되었지만 사각형인 1층 창, 장식으로 뒤덮인 2층 창, 원기둥으로 지지되지 않는 엔타블러처, 반타원형인 입구 아치 등 고전적 규범에서 벗어난 자유로운 조형 요소가 군데군데 보인다.

로 단정한 외관을 보여주면서도 규범에서 벗어난 창틀 구조 등 자유로운 형태를 택하여 마니에리슴 양식과 고전의 관계를 드러내는 좋은 사례로 꼽힌다.

그가 창시한 디자인 기법은 미켈레 산미켈리, 세바스티아노 세를리오, 안드레아 팔라디오 등 마니에리슴 시대의 건축가들에게 큰 영향을 미쳤다.

Profile

Giulio Romano

1492년 또는 1499년	이탈리아 로마에서 태어남
1518년	빌라 란테
1524년	만토바로 이주
1530년	포르타 줄리아 성벽 문
1535년	팔라초 델 테
1539년경	라 루스티카
1544년경	로마노 하우스
1546년	만토바에서 사망

『미술가 열전』의 저자인 조르조 바사리는 팔라초 델 테의 거인의 방에 대해 '창문만 제대로 되어 있고, 모든 것이 머리 위로 덮쳐올 듯한 공포감에 사로잡힐 수밖에 없는 곳'이라고 혹평했다.

팔라디오주의를 만들어낸 르네상스의 건축가

안드레아 팔라디오

1508~1580년, 이탈리아

팔라디오의 저서 『건축사서』는 건축 구조, 설계법과 기둥 양식에 관해 서술한 제1서, 팔라디오의 주택 작품집인 제2서, 고대의 건물과 신전에 관한 제3, 4서로 나뉜다.

안드레아 팔라디오는 르네상스 시대를 대표하는 건축가 중 하나다. 그는 건축사에서도 매우 중요한 인물로 후세의 건축가들에게 큰 영향을 미쳤다.

팔라디오는 1541년부터 로마를 종종 방문하여 고대 로마의 유적과 당대 건축가인 비트루비우스(15쪽)를 연구하며 고대 로마에 대한 안내서와 고전풍 희곡을 집필했다고 한다. 고대에 관한 지식이 이처럼 풍부했으므로 건축 작품에서도 고전을 엄격하게 중시하는 경향이 나타났다.

그의 작품은 이탈리아의 비첸차나 그 주변에 많은데, 대부분 팔라초(도시 궁전) 또는 빌라(전원 별장)다. 작품들의 특징은 고전적 모티프를 중시하며 양감이 아닌 면으로 건축을 이해하는 무대 배경 같은 조형이다. 예를 들어, 그의 대표작인 빌라 로톤다는 정사각형 평면의 사방에 포르티코(열주형 포치, 포치는 건물 입구나 현

고대 신전의 정취를 지닌 정사각형 빌라

빌라 로톤다(알메리코 카프라 저택)

이탈리아 비첸차, 1566~1570년

중앙에 원형 홀이 있는 정사각형 평면의 사방에 이오니아식 둥근 기둥의 포치를 설치한, 고대 신전을 떠올리게 하는 외관이다. 그야말로 팔라디오의 이상이 구현된 건물이라 할 수 있다.

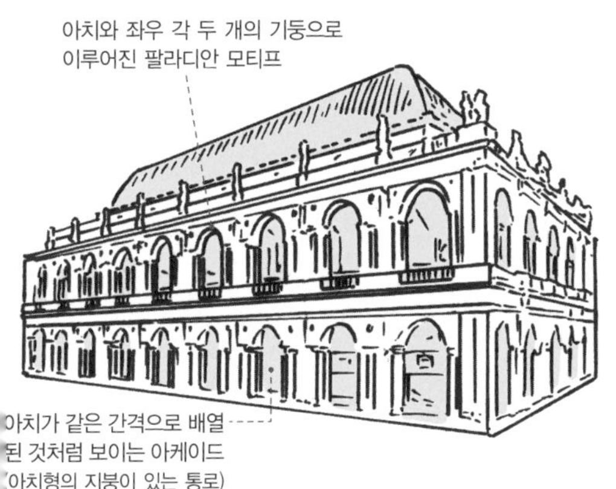

중세 건축에서 르네상스 건축으로의 전환

바실리카 팔라디아나(팔라초 델라 라조네)

이탈리아 비첸차, 1549~1614년

1444년에 지어진 시청사를 개축한 건물. 창이 각기 다른 간격으로 설치되었던 기존의 중세 건물 위에 동일한 크기의 아치가 나열된 아케이드를 덧씌웠다. 이처럼 좌우 각 두 개의 기둥이 아치 양쪽을 지탱하는 모티프를 '팔라디안 모티프'라고 부른다.

관에 설치한 지붕을 말한다 – 옮긴이)를 설치하여 얼핏 보면 고대 로마의 신전 같다. 이 포르티코라는 반(半) 실외 공간 덕분에 폐쇄적인 인상이 줄어들었을 뿐만 아니라 열주와 그 안쪽 벽면으로 이루어진 복합적인 외관이 완성되었다.

만년에 팔라디오는 자신의 작품과 건축론을 정리한 『건축사서』를 출간하여 후세에 팔라디오주의(palladianism)로 불리는 사상이 이어지게 했다.

Profile

Andrea Palladio

1508년	이탈리아 파도바에서 태어남
1521년	파도바의 조각가에게 석공으로 도제 수업을 받음
1530년	석공 감독으로서 공방을 차림
1538년	잔 조르조 트리시노를 찾아감. 이후 '팔라디오'라는 이름을 받음
1540년	건축가의 공인 자격 취득
1541년	고대 로마 건축을 배우기 위해 트리시노와 함께 로마로 감
1549~1614년	바실리카 팔라디아나
1556년	비첸차의 아카데미아 올림피카(극단) 창립
1566~1570년	빌라 로톤다
1570년	베네치아 공화국 수석 건축가로 취임. 『건축사서』 출간
1580년	비첸차 또는 마세르에서 사망

✎ 르 코르뷔지에(116쪽)는 비첸차와 베네치아를 찾아가 바실리카 팔라디아나와 빌라 로톤다를 스케치하고 설계 기법을 분석했다. 그는 빌라 로톤다를 잡지 《에스프리 누보》에 소개하기도 했다.

팔라디오에 감명받은 영국의 첫 고전주의 건축가

이니고 존스

1573~1652년, 영국

존스는 팔라디오의 건축서를 들고 로마로 갔다. 비첸차에서는 팔라디오의 건축 작품에 감명받고 그 도면을 수집하여 영국으로 돌아왔다.

이니고 존스는 영국 런던에서 태어난 건축가이자 무대 예술가다. 1597년경과 1613년경, 두 번에 걸쳐 이탈리아에 가서 르네상스 건축을 연구했고, 영국에 고전주의 건축을 처음 도입했다. 이후 18세기 영국에서는 그를 르네상스의 대표 건축가인 안드레아 팔라디오와 나란히 놓고 그의 작품을 연구하기도 했다.

존스는 원래 궁정 가면극의 디자이너였지만 곧 건축가로 유명해졌고 1615년에 제임스 1세에게 영국 왕실 건축 감사장으로 임명받았다. 이탈리아 르네상스의 영향을 받으면서도 특유의 단정하고 고전주의적인 작풍을 유지했다.

이탈리아에서 고대 건축을 연구하던 존스는 당시의 건축, 특히 팔라디오의 건축에 큰 영향을 받아 그의 도면을 수집하게 되었다고 한다. 그래서 합리적인 법칙에 따라 건물 전체를 하나의 덩어리로 파악하는 관점을 지니게 되었다. 그렇게

단정하고 엄격한 고전주의 건축의 미학

방케팅 하우스

영국 런던, 1619~1622년

궁정 행사를 위해 궁전인 화이트홀에 증축된 건물. 정면 파사드는 일곱 개의 베이로 구성되어 있으며 앞으로 튀어나온 중앙 세 개의 베이에는 벽면에서 4분의 3이 드러난 기둥이, 나머지 베이에는 납작한 필라스터(부주)가 쓰였다. 2층 창 위의 화환 장식과 인면 조각 외에는 장식이 전혀 없어 단정하고 엄격한 인상을 준다.

독창적이고 간결한 상자 모양의 건물

퀸스 하우스

영국 그리니치, 1616~1635년

제임스 1세의 아내인 앤 왕비를 위해 그리니치 궁전 부지 안에 지어진 건물이다. 원래는 길 양쪽에 건물 두 개를 짓고 두 동을 2층에서 연결하려고 했지만 지금은 두 건물이 합쳐졌다. 파사드는 중앙이 돌출된 팔라디오풍이지만 벽면이 단순하고 평평한데다 옥상에 난간이 있어 전체적으로 상자처럼 보인다. 이는 17세기 당시로서는 매우 독창적인 외관이었다.

장식을 억제한 간결하고 위엄 있는 외관과 장식이 풍부한 내부를 대비시키는 독자적인 설계 기법을 만들어낸 것이다. 이런 작풍은 당시 영국 건축계에서는 매우 독특한 것으로, 18세기 영국에서 융성해진 팔라디오주의의 초석이 되었다.

Profile

Inigo Jones

1573년	영국 런던에서 태어남
1597~1604년	이탈리아를 방문, 팔라디오에게 감명을 받음
1613~1614년	이탈리아 재방문
1615년	제임스 1세에게 왕실 건축 감사장으로 임명받음
1616~1635년	퀸스 하우스
1619~1622년	방케팅 하우스
1631년	코번트 가든 광장
1652년	런던에서 사망

폭군 이반을 섬긴 16세기 러시아의 건축가

포스트니크 야코블레프

16세기, 러시아

테트리스 게임 배경으로도 친숙한 세계유산

성 바실리 대성당

러시아 모스크바, 1551~1560년

붉은 광장에 지어진 성 바실리 대성당. 중앙의 주성당을 여덟 개의 소성당이 둘러싸는 구조로, 총 아홉 개의 성당이 하나의 대성당을 형성한다. 모든 소성당 위에는 각기 다르게 장식된 양파 모양의 돔이 있다.

포스트니크 야코블레프(Postnik Yakovlev)는 16세기 모스크바 대공국 시대의 건축가다. 이반 4세가 동방 원정으로 카잔한국을 무너뜨린 것을 기념하여 지어진 성 바실리 대성당의 설계자이기도 하다. 성당이 무척 아름다워서 더 아름다운 건물이 지어질 것을 두려워한 이반 4세가 야코블레프를 실명시켰다는 전설까지 남아 있다※.

러시아의 건축은 10세기 이전에는 대개 목조였지만 기독교 교회당의 수요가 늘어나면서 차츰 석조로 바뀌었고, 동로마(비잔틴) 제국에서 온 비잔틴 양식의 영향하에 독자적인 발전을 이루어나갔다. 야코블레프가 설계했다고 알려진 카잔 크렘린 궁의 브라고베셴스키 대성당도 양파 모양 돔이 특징이다.

※ 실제로는 성 바실리 대성당을 완공한 후에도 야코블레프가 다른 건물을 설계했다는 기록이 있으므로 과장된 일화인 듯하다.

제3장

17세기의 건축가

조반니 로렌초 베르니니
프란체스코 보로미니
프랑수아 망사르
크리스토퍼 렌
요한 베른하르트 피셔 폰 에를라흐
가브리엘 제르맹 보프랑
프란체스코 바르톨로메오 라스트렐리

왕자급 대우를 받은 바로크 최고의 건축가

조반니 로렌초 베르니니

1598~1680년, 이탈리아

베르니니의 첫 작품인 〈발다키노〉. 산피에트로 대성당의 종횡 구조가 교차하는 지점에 놓여 있다. 비틀린 기둥, 역동적 곡선, 호화롭게 채색된 장식 등에서 바로크 양식을 엿볼 수 있다.

"베르니니는 로마가 필요하고, 로마는 베르니니가 필요하다." 교황 우르바노 8세의 말이다. 베르니니는 르네상스 이후 바로크의 중심지로 불렸던 로마에서 활약한 건축가이며 바로크 최고의 거장이다.

그는 바로크의 첫 건축가이자 산피에트로 대성당 건축을 맡았던 카를로 마데르노(Carlo Maderno)의 제자였는데, 스승이 세상을 뜨자 우르바노 8세에게 등용되어 스승의 사업을 이어받았다. 그때 만든 〈발다키노〉〔천개(天蓋), 제단, 성물 등의 윗부분을 덮는 장식물〕가 그의 첫 작품이다. 그는 그 후에도 건축 의뢰를 순조롭게 완수한 덕분에 루브르 궁전 증축으로 루이 14세의 부름을 받았을 때 이미 왕자와 비슷한 대우를 받을 정도의 명성을 누리고 있었다.

베르니니의 바로크 건물 중 특히 주목받는 것이 60세 전후에 짓기 시작한 산

베르니니도 감탄한 명작

산탄드레아 알 퀴리날레 성당

📍 이탈리아 로마, 1658~1670년

베르니니는 이 작은 성당을 자신의 작품 중 가장 완성도가 높은 작품으로 꼽았다. 외부에서는 곡선을 그리는 양 날개가 시선을 중앙으로 유도한다. 내부에서는 타원형 평면의 짧은 축을 따라 양 끝에 입구와 주제단이 있는데, 신기한 깊이감이 느껴지는 것에서 투시도법을 구사한 베르니니의 기술 수준을 짐작할 수 있다.

광장을 감싸 안은 두 팔이 시작되는 직선 부분은 평행이 아니라 대성당 쪽으로 갈수록 조금씩 벌어진다. 덕분에 대성당이 실제보다 바싹 다가와 있는 듯 보인다.

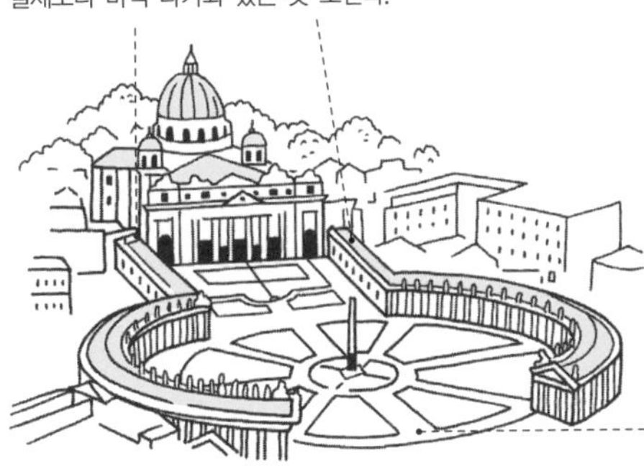

원래는 열린 타원을 닫는 건물을 지으려 했지만 교황의 사망으로 계획이 중단되었다.

바티칸의 상징

산피에트로 광장

📍 이탈리아 바티칸, 1656~1667년

수세대에 걸쳐 건설된 산피에트로 대성당을 지금의 조화로운 모습으로 정리한 사람이 베르니니다. 양쪽으로 타원을 이루며 늘어선 두 줄의 기둥은 높이가 낮아 대성당을 더욱 박력 있게 보여준다.

탄드레아 알 퀴리날레 성당이다. 이 작품에서는 독립적인 양 날개를 포함하며 외벽을 3부로 구성하고, 요소마다 각각 개성을 부여하여 대비시키면서도 전체의 조화를 꾀했다. 또 같은 시기에 산피에트로 광장 건축을 맡았는데, 대비 효과 및 투시도법을 구사함으로써 이전에 빈약하다는 평가를 받았던 마데르노의 파사드를 박력 있는 인상으로 확 바꾸어 놓았다.

Profile

Giovanni Lorenzo Bernini

1598년	이탈리아 나폴리에서 조각가의 아들로 태어남
1604년	로마 이주
1623~1633년	산피에트로 대성당의 발다키노
1624년	건축가로서의 첫 사업인 산타 비비아나 성당 개축
1656~1667년	산피에트로 광장
1658~1670년	산탄드레아 알 퀴리날레 성당
1661년	카스텔 간돌포의 산토마소 성당
1665년	루이 14세의 부름을 받아 프랑스 파리로 감
1680년	로마에서 사망

✎ 산피에트로 대성당의 돔은 미켈란젤로의 설계안에 기초하여 만들어졌다. 마데르노가 대성당의 정면 파사드를 맡았으며, 베르니니가 광장의 주랑 및 발다키노를 만들고 전체를 정리했다.

조각가의 감각을 지녔던 비운의 건축가

프란체스코 보로미니

1599~1667년, 이탈리아

산카를로 알레 콰트로 폰타네 성당 내부와 평면. 뛰어난 조각 기술이 유감없이 발휘되어 역동성이 넘친다. 겉으로는 복잡해 보이지만 평면을 보면 원과 삼각형 등 도형이 기본으로 쓰였다.

베르니니와 보로미니는 한 살 차이의 동료 건축가로, 둘 다 마데르노의 제자였다. 그러나 베르니니는 사회성이 좋았지만, 보로미니는 신경질적이고 염세적이었다고 한다. 그래서 스승이 사망한 후에 보로미니가 아닌 베르니니가 산피에트로 대성당 건축 사업을 이어받았다.

보로미니의 작품 중에서는 산카를로 성당과 산티보 성당이 걸작으로 꼽힌다. 특히 산카를로 성당은 그의 최초와 최후를 장식한 작품으로 알려져 있다. 그가 이 작품으로 독립했고, 이 작품의 파사드가 완성된 해에 자살했기 때문이다. 이 두 성당은 설계 도면이 남아 있다. 겉으로 보기에는 크게 뒤틀리고 흔들려 좀처럼 알아채기 어렵지만, 설계도에는 원형과 삼각형 등 도형이 가지런히 그려져 있다. 이로써 보로미니의 설계 기술이 어느 정도였는지 짐작할 수 있다. 보로미니

요염한 곡선의 파사드가 매력적인

산카를로 알레 콰트로 폰타네 성당

이탈리아 로마, 1638~1641년, 정면만 1665~1668년

퀴리날레 언덕에 지어진 바로크의 명작. 1층 외벽은 '오목-볼록-오목', 2층 외벽은 '오목-오목-오목'의 형식을 띠고 있어 파사드가 흡사 사람의 몸처럼 요염한 곡선을 그린다. 참고로 계획 단계의 도면에는 이 파사드가 평평하게 그려져 있었다.

보로미니 절정기의 명작

산티보 알라 사피엔차 성당

이탈리아 로마, 1642~1650년

보로미니의 창의성이 정점을 이룬 작품. 평면에는 두 개의 삼각형을 겹친 육각형별이 기본으로 쓰였다. 움푹 들어간 파사드 위에는 소용돌이를 그리며 위로 갈수록 서서히 작아지는 탑이 있다.

는 기하학이라는 기술적인 기반 위에 조각가의 감각을 더하여 걸작을 창조한 것이다.

말만 들으면 작품이 조금 딱딱할 것 같지만, 보로미니의 작품에는 언제나 역동성이 넘쳐흐른다. 그것은 아마도 그가 석공 출신으로 일찍부터 조각 기술을 연마했기 때문일 것이다. 베르니니는 이런 기술이 없었으니, 여기서 두 사람의 작풍이 결정적으로 달라졌던 셈이다.

Profile

Francesco Borromini

1599년	스위스 루가노 근교(비소네)에서 태어남
1614년	이탈리아 밀라노에서 석공으로 일하다가 로마로 감
1625년	마에스트로의 칭호를 얻음
1638~1641년	산카를로 알레 콰트로 폰타네 성당
1642~1650년	산티보 알라 사피엔차 성당
1647~1662년	콜레조 디 프로파간다 피데(신학교)
1653~1661년	산타네제 성당
1667년	로마에서 정신 착란 상태로 자해, 이후 사망

'바로크'는 '비틀린 진주'를 뜻하는 포르투갈어 'barroco'에서 유래했다. 베르니니, 보로미니, 그리고 피에트로 다 코르토나(Pietro da Cortona)가 로마 바로크의 3대 거장으로 꼽힌다.

프랑스 바로크 건축의 선구자

프랑수아 망사르

1598~1666년, 프랑스

망사르드 지붕으로도 유명한 프랑수아 망사르가 지은 메종 성. 고전적 기법을 중시하면서도 다양한 기둥 양식을 활용하여 동적인 인상을 부여한 프랑스 고전주의의 걸작이다.

루이 14세가 베르니니를 프랑스로 불러들이는 등 바로크 양식을 적극적으로 받아들였는데도, 프랑스는 이탈리아처럼 바로크 일색으로 물들지는 않았다. 프랑스의 건축가들은 오히려 고전주의적인 냉정함을 유지하면서도 바로크의 장점을 받아들여 건물에 생기를 불어넣었다. 프랑스의 바로크 건축물에서 그런 태도를 엿볼 수 있다.

프랑수아 망사르야말로 프랑스 바로크의 특색을 잘 표현한 건축가다. 특히 그가 40대에 지은 메종 성은 프랑스 고전주의 건축사상 최대의 걸작으로 알려져 있다.※ 망사르는 중세의 프랑스식 지붕을 활용하는 등 고전을 중시하면서도 전체적으로 절제되고 정적인 표현을 선보였다. 여기에 층마다 각기 다른 양식의 기둥을 써서 바로크적 유동성을 더했다. 그가 30대에 지은 최초의 걸작인 블루아

※ 고전주의에 바탕을 두고 있어 바로크 작품이 아닌 고전주의 작품으로 분류된다.

프랑스 바로크의 교회당

마레 사원

프랑스 파리, 1632~1634년

파리의 마레 지구에 지어진 원형 평면의 가톨릭 교회(현재는 개신교)로, 파리 코뮌이 수립되는 과정에서 손상을 입었다.

돔을 떠받치는 기둥과 코니스가 단정하게 표현된 것이 이탈리아 바로크와 대조적이다.

박공 일부를 후퇴시키고 페디먼트를 잘라냄으로써 바로크 특유의 유동성을 표현했다.

1층은 도리스식, 2층은 이오니아식, 3층은 코린트식으로 층마다 다른 기둥 양식을 썼다.

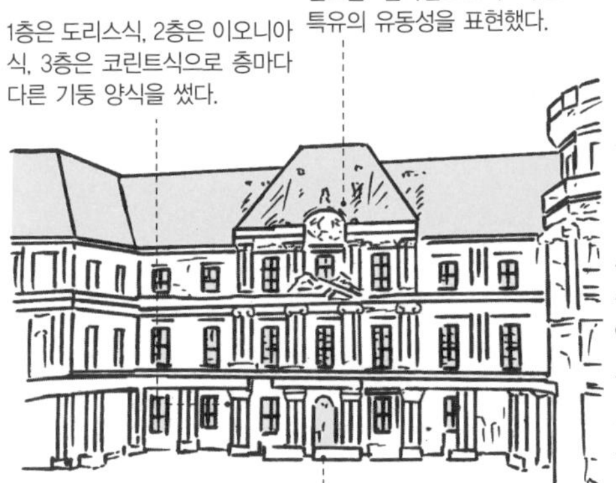

중앙과 양옆이 돌출된 소위 파빌리온식 파사드. 대부분의 기둥이 사각형인데다 요철도 거의 없지만 코니스가 만들어낸 음영이 전체적인 인상을 가다듬어준다.

프랑스 국왕의 동생을 위한 성

블루아 성의 오를레앙 성관

프랑스 루아르에셰르, 1635~1638년(성관), ~1723년

국왕의 동생인 가스통 오를레앙을 위해 망사르가 개축한 곳이다. 망사르는 기존의 건물을 전부 부수고 새로 지을 계획이었지만 실제로는 오를레앙 성관밖에 완성하지 못했다.

성의 오를레앙 성관에서도 이 기법을 엿볼 수 있다.

망사르는 프랑스 바로크의 선구자인 살로몽 드 브로스의 도제로 지내며 20대 때부터 건축가로서 두각을 드러냈는데, '망사르드 지붕'이라는 말이 있는 것만 보아도 그의 명성을 짐작할 수 있다. 망사르가 언제나 망사르드 지붕을 쓴 것은 아니지만, 그 형식을 널리 퍼뜨린 것은 분명하다.

Profile

François Mansart

1598년	프랑스 파리에서 태어남
1632~1634년	마레 사원
1635~1638년	블루아 성의 오를레앙 성관, 오텔 드 라 브리에르
1636년	왕실 건축가가 됨
1642~1650년	메종 성
1654년	오텔 카르나발레 증축
1666년	파리에서 사망

✎ 망사르드 지붕을 고안한 사람은 피에르 레스코(Pierre Lescot)라는 설도 있다. 망사르드 지붕이란 상부는 지붕 경사가 완만하고 하부는 급한, 2단계로 나뉘어 구부러진 지붕을 말한다.

런던을 재건한 과학자 출신의 건축가

크리스토퍼 렌

1632~1723년, 영국

세인트폴 대성당의 돔은 바깥쪽에서부터 순서대로 보면 납으로 감싼 목재, 하중을 버티기 위한 벽돌 구조체, 프레스코화로 장식된 둥근 천장의 3중 구조로 이루어져 있다. 렌의 독창적인 아이디어가 유감없이 발휘된 명작이다.

크리스토퍼 렌은 1632년에 태어나 1660년대 중엽까지 과학자로 활동했다. 영국의 건축 역사가 존 서머슨이 "렌이 만약 35세 이전에 죽었더라도 영국 인명 사전에 등록되었을 것이다"라고 말한 것을 보면 과학자로도 상당히 우수했던 듯하다. 당시 영국에서는 건축을 응용과학의 한 분야로 취급하여 우수한 과학자에게 건축에 관한 조언과 설계를 의뢰하는 일이 종종 있었다. 그것이 국가의 일대 사건에 관한 일이라면 더 말할 것도 없었을 것이다.

그 일대 사건이란 나흘간 1만 3,200호의 주택을 잿더미로 만든 1666년의 런던 대화재다. 렌은 대화재 이후 신규 건축 기준을 제정하는 위원으로 위촉되었을 뿐만 아니라 소실된 교회를 설계하는 일도 담당하게 되었다. 그가 설계할 교회의 수는 무려 50곳이 넘었다. 렌은 이 일을 위해 사무소를 설립했는데, 이것이 영국

렌의 대표작

세인트폴 대성당

영국 런던, 1675~1710년

렌이 반평생에 걸쳐 지은 대성당. 서쪽에 바로크적 요소가 보이지만 전체적인 표현은 수수하다. 가장 멋진 부분은 3층 구조의 돔으로, 구조와 표현을 분리하면서도 최종적으로 통합하여 보여주는 절묘한 설계가 돋보인다. 지하의 납골당에는 렌이 잠들어 있다.

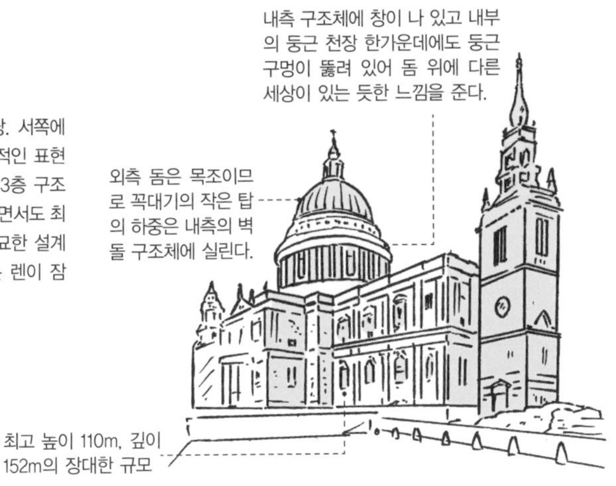

아름다운 도서관의 상징

케임브리지 대학 트리니티 칼리지 도서관

영국 케임브리지, 1676~1684년

17세기 영국 도서관의 완성형으로 꼽히는 건물. 1층은 아케이드, 2층은 도서관이다. 도서관의 경우, 바닥을 1층 아치에 아슬아슬하게 닿는 높이로 설정하여 내부가 매우 널찍하다.

최초의 설계 사무소로 알려져 있다. 이어 1669년에는 왕실에서 건설 총감으로 임명받아 국가 최고의 건축가가 되었다.

렌이 활약한 당시 영국에서는 바로크 건물도 지어졌지만 팔라디오주의적 건축법이 인기를 끌었다. 렌도 기본적으로 직선을 활용한 평탄한 디자인을 많이 사용했다. 그런 작품들이 지금도 많이 남아 있어 런던의 경관에 큰 영향을 미치고 있다.

Profile

Christopher Wren

1632년	영국 월트셔에서 성직자의 아들로 태어남
1650년	옥스퍼드 대학 워덤 칼리지에 진학, 이듬해 학사 학위 취득
1653년	석사학위 취득, 올 소울즈 칼리지 연구원으로 취임
1657년	그레셤 칼리지 천문학 교수로 취임
1661년	옥스퍼드 대학 천문학 교수로 취임
1664~1669년	셸도니언 극장
1666년	런던 대화재 후 런던 재건 계획, 세인트폴 대성당 개축 계획을 세움
1669년	왕실 건설 총감으로 취임
1670~1711년	52개의 교회 건설
1676~1684년	케임브리지 대학 트리니티 칼리지 도서관
1716년	로열 호스피탈(첼시 왕립 병원)
1723년	런던에서 사망

✎ 크리스토퍼 렌은 동시대의 과학자인 아이작 뉴턴, 건축가 요한 베른하르트 피셔 폰 에를라흐 등과 친했다고 한다. 여섯 명의 왕을 섬긴 그는 1673년에 기사 칭호를 받았고 20세기에는 영국 지폐에 초상화까지 실렸다.

오스트리아 바로크를 대표하는 건축가

요한 베른하르트 피셔 폰 에를라흐

1656~1723년, 오스트리아

에를라흐는 로마에서 배운 바로크를 오스트리아에 도입했다. 그의 대표작은 빈 시내에 있는 칼스키르헤(칼스 교회)인데, 교회의 포치는 로마 신전을, 두 개의 기둥은 트라야누스 황제의 기념 기둥을 본떠 만든 것이라고 한다.

요한 베른하르트 피셔 폰 에를라흐는 오스트리아의 바로크를 대표하는 건축가다. 조각가, 미장공 출신인 그는 1670년대에 로마를 찾아 그곳에서 활동 중인 건축가 카를로 폰타나 밑에서 건축 수련을 했던 것으로 알려져 있다.

1685년, 대 터키 전쟁이 끝나고 오스트리아로 돌아온 에를라흐에게 펼쳐진 풍경은 바로크 양식의 풍토 아래 한층 더 화려함을 추구하는 빈의 예술가들이었다. 반면 에를라흐는 로마에서의 경험 때문인지 베르니니(42쪽)를 비롯한 로마의 양식, 특히 보로미니(44쪽)의 작풍을 이어받았다. 대표작인 콜레기엔키르헤에서 그 특징이 뚜렷이 드러난다. 그러나 이웃나라 프랑스가 18세기 이후 로코코 시대로 접어들면서 그의 작품에도 영향을 미쳤다. 일례로, 그가 설계한 쇤브룬 궁전에서는 로코코의 대표작인 베르사유 궁전을 의식했던 흔적을 찾아볼 수 있다.

오스트리아 로코코의 대표작

쇤브룬 궁전

오스트리아 빈, 1695~1723년

오스트리아의 전성기에 건설된 여름 궁전으로, 오스트리아 여왕인 마리아 테레지아도 자주 이용했던 곳이다. 65만 평이나 되는 광대한 부지, 화려한 정원으로 유명하다. 이후 개축 때 니콜라우스 파카시가 설계한 궁전 내부 장식은 로코코 건축의 대표적인 사례로 꼽힌다.

로마 바로크의 영향을 보여주는

콜레기엔키르헤(잘츠부르크 대학 교회)

오스트리아 잘츠부르크, 1696~1707년

잘츠부르크 대학의 교회당. 그리스 십자가형 평면이지만, 전체적으로는 네 모퉁이에 작은 예배실이 설치된 사각형에 가까운 형태다. 양옆에 계단실 탑을 두고 중앙부는 요면으로 처리한 3부 구성 및 강하고 약한 곡선의 흐름에서 로마 바로크의 영향을 강하게 받았음을 알 수 있다.

1715년경부터는 고대 로마와 프랑스 고전의 요소도 도입하기 시작했다. 에를라흐는 고전학자 칼 구스타브 헤리우스의 영향을 받아 『역사 건축의 구상』을 집필했으며, 칼스키르헤에는 로마 신전이 연상되는 포치와 트라야누스 황제를 기념하는 기둥 두 개를 설치했다. 1721년에는 세계의 건축물을 집대성한 『역사적 건축도집』을 저술했다. 이런 박식함은 그의 작품에서도 찾아볼 수 있다.

Profile

Johann Bernhard Fischer von Erlach

1656년	오스트리아 그라츠에서 태어남
1670~1986년경	이탈리아 유학
1685년	빈의 궁정 건축가로 취임
1693년	아들 요제프 출생
1694~1702년	성삼위 교회
1695~1698년	벨베데레 궁전
1695~1723년	쇤브룬 궁전
1696~1707년	콜레기엔키르헤
1716~1737년	카를로 보로메오 성당
1721년	동판화집 『역사적 건축도집』 출간
1722년~	오스트리아 국립 도서관
1723년	빈에서 사망

✎ 에를라흐는 아들과 함께 오스트리아 바로크 건축을 견인한 것으로 유명하다. 아들 요제프 에마누엘(Joseph Emannuel)도 건축가로, 아버지의 수많은 건축 설계를 계승했다. 두 사람이 건설한 오스트리아 국립 도서관은 세계에서 가장 아름다운 바로크 양식 도서관으로 평가받고 있다.

로코코를 대표하는 프랑스의 건축가

가브리엘 제르맹 보프랑

1667~1754년, 프랑스

로코코의 유래가 된 '로카유'란 '암석'을 의미하는 프랑스어인 'roc'에서 나온 말로, 패각과 카르투슈(판지의 끝이 말려 올라간 듯한 모양의 테두리 장식), 아칸서스 등의 모티프를 주로 사용하는 장식을 말한다.

로코코 예술은 태양왕 루이 14세 이후의 프랑스, 즉 섭정 시대(1715~1723년)부터 루이 15세 시대(1715~1774년) 사이에 전개되며 유럽 전역에 커다란 영향을 미쳤다.

고딕과 바로크가 건물의 양식이었다면 로코코는 경쾌함과 화려함을 겸비한 장식의 양식이었다. 로코코의 특징은 자연에서 유래된 친밀한 모티프와 섬세함, 연한 색조, 벽면을 기둥이 아닌 곡선이 들어간 액자로 분절한 것이다. 로코코는 궁정이 아닌 귀족과 부유한 시민의 살롱(응접실)에서 발달하였고, 특히 1710년경부터 많이 지어진 그들의 저택(호텔)을 중심으로 활발하게 전개되었다. 당시 귀족들은 강력해진 왕권을 지지하기 위해 도시에 점점 더 많이 거주하였는데, 가브리엘 제르맹 보프랑은 그 흐름에 맞추어 궁전과 저택을 다수 지어 로코코를 대표하

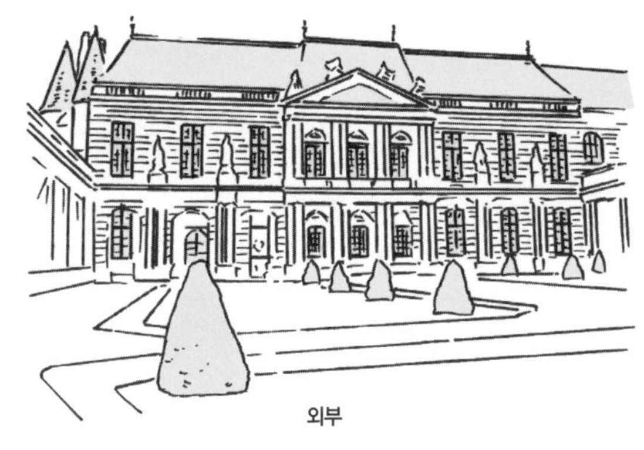
외부

로코코의 걸작
수비즈 호텔
프랑스 파리, 1732~1740년

프랑스 로코코의 걸작. 서양에서 가장 아름다운 공간이라고 해도 과언이 아니다. 바로크 전성기에도 고전주의의 정신을 관철한 프랑스답게 외관은 간결하고 절제된 분위기다. 반면 보프랑이 작업한 실내 장식은 매우 호화롭다.

규칙적인 평면 중에서도 1층 오를레앙 공의 살롱과 그 위에 있는 부인의 살롱만 타원형이다. 부인의 살롱을 보면, 부드러운 곡선으로 가장자리를 두른 담청색 돔 천장을 여덟 개의 기둥이 떠받치고 있다. 표면은 화려한 금색 액자로 장식되어 있으며 양감은 그다지 느껴지지 않는다. 기둥 사이의 아치는 3면이 거울, 4면이 창이며 나머지 하나가 문이다.

내부

는 건축가가 되었다. 그의 작품 중 수비즈 호텔의 실내 장식은 걸작으로 꼽힌다.

파리에서 조각가로 출발한 보프랑은 나중에 건축가로 전향하였고, 쥘 아르두앙 망사르(Jules Hardouin Mansart)에게 건축을 배웠다. 그는 내부를 극히 호화롭게 꾸미면서도 스승의 가르침에 따라 고전주의를 지키고 외관을 간결하게 억제한 스타일을 선보였다.

Profile
Gabriel Germain Boffrand

1667년	프랑스 낭트에서 조각가 겸 건축가의 아들로 태어나 쥘 아르두앙 망사르에게 건축을 배움
1708~1709년	뤼네빌 성 디자인
1712년	오텔 아밀로 드 구르네
1732~1740년	수비즈 호텔(현 파리 국립 문서 보관소) 타원형 홀의 증개축
1745년	『건축 예술의 기본 원칙』 출간
1754년	사망

보프랑의 스승인 쥘 아르두앙 망사르는 프랑수아 망사르(46쪽)의 조카의 아들이자 제자였다.

유럽의 현관인 페테르부르크를 만든 건축가

프란체스코 바르톨로메오 라스트렐리

1700~1771년, 이탈리아

엘리자베타 여제를 섬겼던 라스트렐리의 대표작인 겨울 궁전은 그 외관이 매우 장엄하다. 반면 내부는 '요르단 계단(Jordan Staircase)'으로 불리는 축전용 계단 등의 바로크·로코코 장식으로 화려하게 꾸며져 있다.

18세기 초, 러시아 황제 표트르 1세는 수도를 모스크바에서 페트르부르크(현재 상트페테르부르크)로 옮겼다. 이후 페테르부르크는 요새 도시에서 서양 제국과 교류하는 러시아의 대표 도시로 변모했다. 황제는 젊은 인재들을 적극적으로 서양에 유학 보냈고 서양 건축가들을 러시아로 초빙했다. 그의 딸 엘리자베타 시대에는 러시아의 바로크가 전성기를 맞아 나라를 대표하는 건물이 속속 지어졌다. 그런 건물들을 황제의 이름을 따서 '엘리자베타 바로크'라고 부른다. 이 양식을 확립한 사람이 엘리자베타 여제의 주임 건축가인 이탈리아 출신의 건축가 프란체스코 바르톨로메오 라스트렐리였다.

프랑스의 건축가 로베르 드 코트에게서 건축을 배운 그는 외관은 차가워 보이면서도 내부는 호화찬란한, 바로크와 로코코를 기본으로 한 프랑스다운 건축을

러시아 바로크의 대표작

겨울 궁전(에르미타시 미술관)

러시아 상트페테르부르크, 1754~1762년

나중에 예카테리나 2세 시대에 소 예르미타시 등 네 동이 연달아 추가됨으로써 지금처럼 겨울 궁전과 나란히 이어진 다섯 동의 미술관 지구가 완성되었다. 예르미타시란 러시아어로 '은신처'라는 뜻이다.

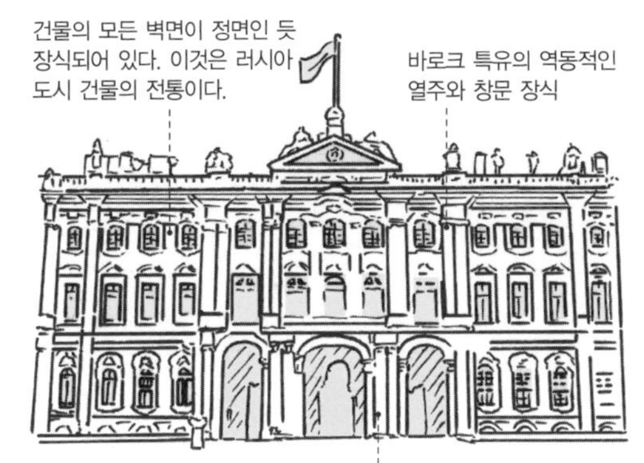

타원형 창문, 꼭대기를 잘라낸 페디먼트 등에서 바로크의 특징이 엿보인다.

다섯 개의 쿠폴(원형 지붕)이 바로크 성당에 러시아 특유의 분위기를 더한다.

최후의 엘리자베타 바로크

스몰리 수도원 성당

러시아 상트페테르부르크, 1748~1764년

'스몰리'란 러시아어로 '송진'을 뜻한다. 이 수도원의 정식 명칭은 부활이라는 뜻의 '노보제비치 수도원'이지만 송진 가공 공장 자리에 지어져서 이렇게 불려졌다. 1762년에 예카테리나 2세가 즉위했으므로 엘리자베타 바로크로서는 마지막 작품이라 할 수 있다.

선보였다. 여기에 러시아 전통을 더했다.

그중 가장 유명한 작품이 겨울 궁전, 즉 현재 예르미타시 미술관이다. 이 궁전은 엘리자베타 여제가 국력을 과시하고자 막대한 재정을 들여 건설한 것으로, 내부가 극도로 화려하여 이탈리아와 프랑스의 바로크를 능가했다는 평가를 받는다. 또 여기에서 동쪽으로 4km쯤 떨어진 스몰리 수도원의 성당은 라스트렐리의 작품 중에서 가장 러시아다운 분위기를 갖추었다고 평가받는다.

Profile

Francesco Bartolomeo Rastrelli

1700년	프랑스 파리에서 태어남
1716년	조각가인 아버지와 함께 러시아 페테르부르크로 이주
1744년	아니치코프 궁전
1744~1767년	키예프의 성 안드리 교회
1747~1752년	페테르고프 궁전 증축
1748~1764년	스몰리 수도원 성당
1749~1756년	차르스코예 셀로 궁전
1750~1754년	스트로가노프 궁전
1754~1762년	겨울 궁전(예르미타시 미술관)
1771년	페테르부르크에서 사망

라스트렐리는 스몰리 수도원 성당의 서쪽 정문에 140m 높이의 황금 종루를 세우려 했지만 예카테리나 2세가 허락하지 않았다고 한다.

제4장

18~19세기 전반의 건축가

—

자크 제르맹 수플로
조반니 바티스타 피라네시
클로드 니콜라 르두
존 내시
존 손
카를 프리드리히 싱켈
조셉 팩스턴
고트프리트 젬퍼
오거스터스 웰비 퓨진
외젠 비올레르뒤크
샤를 가르니에

—

원시의 오두막의 이상을 실현한 건축가

자크 제르맹 수플로

1713~1780년, 프랑스

고전 건축물의 이상으로 여겨진 원시의 오두막을 처음으로 실현한 사람이 수플로였다.

시민 혁명 후 계몽사상이 보급된 프랑스에서는 이전의 바로크, 로코코의 과도한 장식에 대한 반발이 거세졌다. 동시에 그리스, 로마 등의 고전을 재평가하여 합리적이고 보편적인 건축미를 모색하려는 신고전주의의 기세가 높아졌다. 그런 중에 건축 이론가 마크 앙투안 로지에(Marc Antoine Laugier)는 자신의 저서 『건축시론』을 통해 기둥, 들보, 박공만으로 구성된 건물인 '원시의 오두막'이 진정한 고전 건축의 이상이라고 주장했다. 이 책은 여러 언어로 번역되어 읽히면서 유럽 전역에 신고전주의를 널리 퍼트렸다.

자크 제르맹 수플로는 로지에의 이런 이상을 최초로 실현한 건축가다. 프랑스 어느 지방의 법률가의 아들로 태어난 그는 아버지의 반대를 무릅쓰고 로마에서 건축을 공부했다. 귀국 후에는 리옹에서 설계 활동을 하면서 점차 명성을 얻었

건축의 원점이란?

원시의 오두막
(『건축시론』 제2판의 표지 그림)

저자: 마크 앙투안 로지에, 1755년

통나무를 나뭇가지에 이리저리 가로질러 들보와 마루를 만든 원시의 오두막. 기둥과 들보로 지지되는, 건물의 기본 구조를 나타내는 그림으로 유명하다. 무너진 기둥 위에 여성이 앉아 있는 모습을 통해 양식에 관계없이 원시적인 구조를 열망하는 마음을 표현했다.

신고전주의 건축의 명작

생트쥬느비에브 성당

프랑스 파리, 1755~1792년

파리의 생트쥬느비에브 언덕에 지어진 성당으로, 십자가형 평면에 돔과 코린트식 원기둥을 갖춘 신고전주의 건축의 명작 중 하나다. 바로크 양식 같은 연출을 피하는 대신 일정한 간격으로 원기둥을 늘어놔 균질한 공간을 강조했다. 교회로 건설되었으나 프랑스 혁명 후에는 위인들을 기리는 묘소(판테온)로 이용되고 있다.

다. 1750년대에는 생트쥬느비에브 성당을 설계해 로지에로부터 완전한 건축의 첫 번째 실제 사례라는 칭찬을 받았다. 수플로는 이 성당에서 로지에의 이론을 실천하는 동시에 고대 로마 건축의 기둥 양식과 고딕 건축의 경쾌한 구조를 융합하려 했다. 양식보다 구조에 큰 관심을 기울였지만, 기술적인 문제로 계획에 없던 둘레 벽을 세우게 되는 등 자신의 의도를 완전히 반영하지는 못했다. 그는 결국 성당의 완성을 앞둔 1780년에 사망했다.

Profile

Jacques Germain Soufflot

1713년	프랑스 이란시(irancy)에서 태어남
1734년	이탈리아 로마로 감
1747~1750년	증권거래소
1743년	프랑스 건축 장관의 벗인 방디에르 공을 따라 로마로 가서 왕궁 건축장 임명을 약속받음
1755년	생트쥬느비에브 성당 설계 대회에 입선, 설계자로 임명됨
1780년	파리에서 사망
1792년	생트쥬느비에브 교회 준공

환상적인 판화로 고대 로마를 재평가한 예술가

조반니 바티스타 피라네시

1720~1778년, 이탈리아

『로마의 경관』 중 하나인 콜로세움. 피라네시가 1776년에 에칭과 인그레이빙(단단하고 평평한 표면에 모양을 새기는 판화 기법)으로 만든 동판화다.

18세기 이탈리아의 건축가인 조반니 바티스타 피라네시는 판화가로서도 활동하며 고대 로마의 풍경을 비롯한 소묘를 평생 동안 1,000점 넘게 그렸다.

1720년 베네치아 근교에서 미장공의 아들로 태어난 피라네시는 공학자 겸 건축가로 일하면서 투시도법과 무대 장식을 배웠다. 1740년에는 로마로 건너가 에칭※ 기법을 배웠고, 이후 『로마의 경관』, 『상상의 감옥』 등 판화집을 다수 출간했다. 피라네시는 고대 로마 유적을 직접 조사해가며 판화를 그렸다. 거기에 독자적인 해석과 상상을 곁들여 단순한 복원을 넘어선 환상적인 작품을 만들어냈다는 점에서 지금까지 높은 평가를 받고 있다.

당시 유럽에서는 고대 그리스 건축에 대한 재평가가 한창이었으며 그리스 건축과 로마 건축 중 어느 것이 더 합리적이고 순수한지에 대한 논쟁이 일어나고

※ 동판 위에 바늘로 그림이나 글을 새겨 만드는 요판 인쇄술 또는 그런 인쇄물 – 옮긴이

고대 로마를 그린 환상적인 판화집

로마의 경관

1748년~

고대 로마의 유적, 폐허, 건축들을 독특한 원근법으로 그려낸 초기 작품. 피라네시가 그린 방대한 도시 경관도는 유럽 사람들의 고대에 관한 높은 관심 덕분에 이탈리아 여행의 기념품으로 인기를 모았다. 다음 판화 작품인 『상상의 감옥』에서는 실재하지 않는 미궁 공간을 그려 건축 소묘의 가능성을 넓혔다.

피라네시가 유일하게 실현한 작품

산타마리아 델 프리오라토 성당

이탈리아 로마, 1764~1766년

아벤티노 언덕의 몰타 기사단 수도원 본부. 그 안에 있는 산타마리아 델 프리오라토 성당과 그 앞뜰인 몰타 기사단 광장은 피라네시의 유일한 실제 작품이다. 여기서는 고대 로마의 정취 속에서 몰타 기사를 암시하는 요소를 군데군데 찾아볼 수 있지만, 아쉽게도 판화 작품 같은 환상적인 느낌은 들지 않는다.

있었다. 이에 대해 피라네시는 1761년에 출간된 저서 『로마의 건축과 웅장함에 관해』를 통해 고대 로마 건축을 옹호하는 입장을 취했다. 논쟁 결과 그리스 건축이 우위인 것으로 판결이 났지만, 피라네시가 신고전주의 건축의 발전에 큰 영향을 미친 것만은 사실이다.

Profile

Giovanni Battista Piranesi (Giambattista Piranesi)

1720년	이탈리아 베네토 주에서 미장공의 아들로 태어나 숙부에게서 건축을 배움
1740년	로마로 건너가 주세페 바시에게서 판화를 배움
1743년	첫 판화집 『건축과 투시 제1권』 출간
1748년~	『로마의 경관』 작업 착수
1750년	증보판 『건축, 투시도, 그로테스크와 앤티크』, 『카프리치』 출간
1761년경	『상상의 감옥』 출간
1761년	『로마의 건축과 웅장함에 관해』 출간
1764~1766년	산타마리아 델 프리오라토 성당
1778년	로마에서 사망

피라네시의 판화는 존 손(66쪽)에게 증정되어 존 손의 자택이자 미술관인 존 손 경 미술관에 지금까지 보존되어 있다.

이상적인 도시를 꿈꿨던 프랑스 혁명기의 건축가

클로드 니콜라 르두

1736~1806년, 프랑스

르두의 소묘 〈농지 관리인을 위한 집〉. 당시 신고전주의가 개척한 건축의 새로운 가능성을 엿볼 수 있다.

클로드 니콜라 르두는 신고전주의의 조류 속에서 프랑스 혁명기를 살아낸 건축가다. 그는 에콜 데 보자르(프랑스 미술학교)의 건축 교육을 받지 않고 몇몇 공방에서 일하며 실무를 익혔다. 그러다 루이 15세의 정부인 뒤바리 부인의 눈에 든 덕분에 1770년대에는 왕실 건축가의 칭호를 얻게 되었고 아르케스낭(Arc-et Senans)에 왕립 제염소 등을 만들 수 있었다. 그러나 1789년 프랑스 혁명을 계기로 투옥된 이후 작품을 실현할 기회를 좀처럼 얻지 못했다. 그래서 실현하지 못한 계획안을 정리하거나 저서를 집필하는 데 전념하면서 가공의 건축과 도시를 그린 환상적인 소묘를 다수 남겼다.

르두는 같은 시기에 활약한 에티엔느 루이 불레(Etienne Louis Boullee)와 더불어 '환시의 건축가'로 불린다. 그는 기존의 신고전주의자들이 엄격한 정육면체 형

르두가 꿈꾼 이상적인 도시

아르케스낭 왕립 제염소

프랑스 아르케스낭, 1774~1779년

프랑스 동부의 두(Doubs)현 아르케스낭시에 있는 구 제염소. 이상적인 공업 도시를 지향했던 르두는 일단 도시 계획부터 세웠다. 기하학적인 설계를 추구하느라 처음에는 도시를 원형으로 설계하려 하였으나 자금난 등의 이유로 반원으로 축소하여 완성했다. 이 제염소는 당시의 도시 계획에 대한 사고방식을 잘 반영했다는 평가를 받아 유네스코 세계문화유산으로 등재되었다. 현재는 박물관, 자료관으로 쓰인다.

단순한 기하학 형태가 특징인 르두의 대표작

라 빌레트 징수소

프랑스 파리, 1789년

통행세를 걷기 위해 파리 동북부의 라 빌레트에 세운 관문 중 하나. 원통형 등 단순한 기하학적 형태를 조합함으로써 고전의 양식을 간략하게 표현했다. 르두는 혁명 이전에 프랑스 왕실 건축가로서 이와 동일한 관문을 파리 시내에 50개소 이상 설계했다.

태의 윤곽선, 직선적 구성, 반원의 돔, 도리아식과 토스카나식 기둥을 중시하는 방식으로 고대 그리스와 로마 양식을 재평가하고 인용했던 것에 만족하지 않고 순수 기하학에 기초하여 건축의 새로운 가능성을 모색했다.

건축 역사가 에밀 카우프만은 『3인의 혁명적 건축가』에서 르두를 후세의 모더니즘 건축에 영향을 미친 혁신적인 인물로 평가했다.

Profile

Claude Nicolas Ledoux

1736년	프랑스 도르망(Dormans)에서 태어남. 어릴 때 파리로 건너가 건축가가 되기 위해 자크 프랑수아 블론델의 아카데미에 입학
1762년경	설계 활동 시작
1766년	오텔 다르빌
1773년	왕립 건축 아카데미 회원, 루이 15세의 건축가가 됨
1774년	아르케스낭 왕립 제염소 감사로 취임
1779년	아르케스낭 왕립 제염소
1789년	라 빌레트 징수소
1793년	프랑스 혁명 후 2년간 투옥
1806년	파리에서 사망

픽처레스크로 런던을 물들인 건축가

존 내시

1752~1835년, 영국

풍경 같은 건축을 일컫는 픽처레스크. 내시는 그 특징인 비대칭성과 곡선을 리젠트 스트리트로 대표되는 런던 도시 계획에 도입했다.

존 내시는 존 손과 같은 시대에 활약한 런던의 건축가 겸 도시 계획가다. 존 손이 내부 공간의 건축가라면 내시는 파사드(외관)의 건축가라 할 수 있다. 내시는 비대칭성, 다양성, 절충주의를 중시하며 당시 영국에서 크게 유행했던 '픽처레스크(picturesque)' 운동의 대표 주자이기도 했다.

런던 남부의 물레방아공의 아들로 태어난 내시는 영국의 건축가 로버트 테일러(Robert Taylor)의 견습공으로 일하며 건축을 배웠다. 그리고 가까스로 자금을 모아 독립하지만 파산과 이혼을 거친 뒤 한동안 은거 생활을 했다.

1790년대 후반에 픽처레스크 운동이 대두되자, 그는 재기를 꾀하며 정원 설계자인 험프리 렙톤(Humphry Repton)과 손잡고 교외 주택을 건설했다. 그 후에도 렙톤과 함께 이탈리아풍, 중국풍, 인도풍 등 다양한 양식의 조합과 비대칭 설계를

다양한 양식이 돋보이는 왕실 별궁

로열 파빌리온

영국 브라이튼, 1815~1823년

자유분방하기로 유명했던 왕자 조지 4세가 해변 별장으로 개축한 왕실 별궁. 설계를 담당했던 내시는 인도의 이슬람 양식을 기본으로 한 외관과는 대조적으로, 내부에 당시 유행했던 중국풍 요소와 장식을 도입함으로써 서양과 동양이 혼합된 다채로운 픽처레스크 양식의 건물을 완성했다.

런던에 남아 있는 존 내시의 작품

올 소울즈 교회

영국 런던, 1822~1825년

런던 중심부를 남북으로 관통하는 리젠트 스트리트의 북단에 위치한 교회. 원형 주랑과 높은 첨탑 덕분에 리젠트 스트리트의 대표 건물이 되었다. 이 교회는 이후 리젠트 스트리트가 대폭 개축된 후에도 내시의 원래 설계를 볼 수 있는 몇 안 되는 건물 중 하나다.

특징으로 한 건물들을 지으면서 건축의 픽처레스크를 실천했다.

1811년에는 왕실 소유지를 개발하라는 의뢰를 받아 1813~1825년 사이에 리젠트 파크와 리젠트 스트리트를 조성했다. 픽처레스크를 도시 계획으로까지 확장한 것인데, 후세의 전원도시에 대한 이미지를 예견했다는 점에서 높이 평가받고 있다.

Profile

John Nash

1752년	영국 런던에서 태어남
1767년~1778년	로버트 테일러의 견습공으로 일함
1778년~	독립 후 숙부의 유산을 밑천 삼아 다섯 채의 집을 재건함
1783년	파산을 선언하고 이혼한 후 웨일즈에 은거
1796년경	험프리 렙톤과 함께 전원주택과 정원을 설계하여 성공을 거둠
1798년	재혼 후 조지 4세의 후원을 받으며 활동하지만 후일 아내와 조지 4세의 불륜설이 불거짐
1813년경	리젠트 파크
1815~1823년	로열 파빌리온
1819~1825년	리젠트 스트리트
1822~1825년	올 소울즈 교회
1825년	버킹엄 궁전 증축 의뢰를 받음
1830년	왕이 서거한 후 라이트 섬으로 은퇴
1835년	사망

자신만의 디자인을 만든 영국의 절충주의자

존 손

1753~1837년, 영국

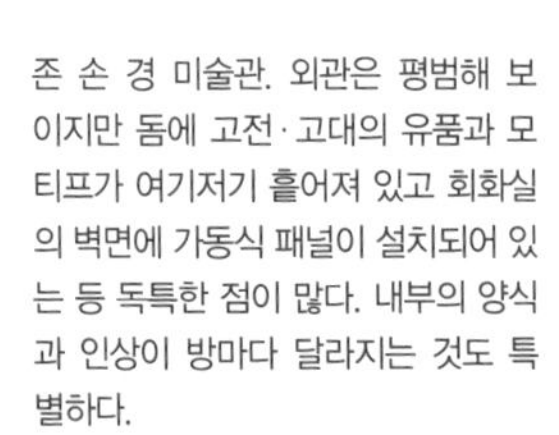

존 손 경 미술관. 외관은 평범해 보이지만 돔에 고전·고대의 유품과 모티프가 여기저기 흩어져 있고 회화실의 벽면에 가동식 패널이 설치되어 있는 등 독특한 점이 많다. 내부의 양식과 인상이 방마다 달라지는 것도 특별하다.

18세기 프랑스에서 발흥한 신고전주의는 그 후 유럽 각지에 다양한 영향을 미쳤다. 처음에는 그리스 고전 양식을 근원적인 아름다움으로 재조명하는 데서 출발했지만, 영국에서는 오히려 과거의 다양한 양식을 자유자재로 조합하는 절충주의가 더 우세해졌다. 거기에 중심적 역할을 한 건축가가 존 손이다. 손은 신고전주의 건축과 고딕 건축 등 다양한 양식과 요소를 재구성하여 독창적인 공간, 특히 복잡하고 감성적인 내부 공간을 디자인했다.

1753년, 영국의 옥스퍼드에서 목수의 아들로 태어난 손은 1771년에 영국 왕립 예술학교에 입학했다. 그 후 우수한 성적을 거두어 장학금을 받고 3년간 이탈리아에서 유학하다가 피라네시(60쪽)를 만났다고 한다. 1780년에는 런던으로 돌아왔고 1788년에는 자신의 대표작이 되는 잉글랜드 은행의 건축 감독으로 임용

손의 건축 디자인의 집합체

피츠행어 매너 하우스

영국 런던, 1800~1804년

가족의 생활을 위해 손이 대폭으로 개축한 저택. 당초에는 집을 신축할 예정이었지만 피츠행어 매너 하우스가 매물로 나온 것을 알고 그것을 구입하여 개축하였다. 아치 천장을 비롯하여 손 특유의 내부 디자인이 가득하다.

자택에서 미술관으로 변신

존 손 경 미술관

영국 런던, 1812~1813년

손의 자택 겸 작업실이었던 곳. 그가 수집한 미술품 외에도 직접 만든 건축 도면과 모형들이 소장·전시되어 있다. 많은 작품이 장르와 시대에 관계없이 복잡하게 얽히듯 전시되어 있는데, 지붕에 낸 독창적인 모양의 창문과 고딕풍 아치가 어우러져 내부 공간 전체가 하나의 예술 작품처럼 느껴진다.

되어 건축가로서의 인생을 시작한다. 잉글랜드 은행은 나중에 대폭 개조되어 손의 설계 결과가 전혀 남아 있지 않지만, 후에 지어진 피츠행어 매너 하우스와 존 손 경 미술관에서 손 특유의 복잡한 내부 디자인을 충분히 볼 수 있다. 이 두 작품은 현재도 많은 사람들을 매료하고 있다.

Profile

John Soane

1753년	영국 옥스퍼드에서 태어남
1771년	영국 왕립 예술학교에 입학
1780년	이탈리아 유학 후 귀국
1788년	잉글랜드 은행의 건축 감독으로 임명됨
1800~1804년	피츠행어 매너 하우스
1806년	왕립 예술학교 교수로 취임
1811~1814년	덜위치 칼리지 미술관
1812~1813년	존 손 경 미술관
1837년	런던에서 사망

존 손 경 미술관에는 고대 그리스와 로마의 발굴품, 피라네시에게서 영향을 받아 시작한 건축적 소묘와 회화 작품, 자작 모형, 소묘 작품 등이 소장되어 있다. 이곳은 1833년에 국가 지정 미술관으로 인정되었다.

그리스의 부흥을 이어간 독일 건축의 거장

카를 프리드리히 싱켈

1781~1841년, 독일

싱켈은 그리스 건축을 본받으면서도 실용성을 방해하지 않는 합리적인 건축법을 모색했다.

19세기 초, 나폴레옹과의 전쟁에 대패한 프로이센 왕국은 국민 국가로 체제를 바꾸면서 건축물에도 새로운 국가상을 상징하는 기념물로서의 기능을 요구했다. 이 무렵 독일의 신고전주의 건축은 르네상스 이후 지겹도록 접했던 로마 건축이 아니라 또 하나의 기원인 고대 그리스 건축을 참고했다는 뜻에서 '그리스의 부흥(Greek Revival)'으로 불렸다.

카를 프리드리히 싱켈은 19세기 독일의 위대한 건축가이자 독일 신고전주의를 대표하는 건축가로, 프로이센 왕국에서 태어나 갓 설립된 베를린 건축 아카데미에서 건축가 프리드리히 길리에게 건축을 배웠다. 1803년에 이탈리아와 프랑스 유학을 다녀온 뒤 건축 지도관, 건축청 고문 등의 관직을 거치면서 평생 프로이센 왕실의 건축가로 일했다. 그는 노이에 바셰, 베를린 왕립 극장, 베를린 구 박

고대 그리스의 기둥이 줄지어 서 있는

베를린 구 박물관

독일 베를린, 1823~1830년

베를린의 박물관 단지가 모여 있는 작은 섬에 왕실 수집품을 공개할 목적으로 지어진 황제의 미술관. 현재는 베를린 국립 미술관 구관이다. 두 개의 중정이 있는 2층 건물이며, 중앙에는 판테온 형식의 원형 홀이 있다. 건물 정면에는 이오니아식 원기둥이 열여덟 개 늘어선 87m의 포르티코가 있다. 원래 싱켈이 직접 그린 벽화도 있었지만 제2차 세계대전 때 소실되었다.

독일 신고전주의 건축의 대표작

노이에 바셰

독일 베를린, 1816~1818년

베를린의 중심인 운터 덴 린덴가에 있는 예전 위병소 건물. 정면에는 도리아식 포르티코가, 네 모퉁이에는 중후한 탑이, 중앙에는 중정이 있다. 1931년에 제1차 세계대전 전사자 위령소로 개조되었고, 현재는 제1차 세계대전 이후의 모든 전쟁 희생자를 위한 국립 추도 시설로 이용되고 있다.

물관 등 많은 작품을 남겼으며 건축 설계뿐만 아니라 회화와 무대 미술 분야에서도 활동했다.

싱켈은 주로 그리스 건축을 참고한 신고전주의 건물을 지었지만, 양식이 건물의 실용성을 저해하지 않는다는 점과 뛰어난 기하학적 구조와 비례를 갖추었다는 점이 페터 베렌스(100쪽), 발터 그로피우스(110쪽), 미스 반 데어 로에(112쪽) 등 이후 독일의 모더니즘 건축가들에게 큰 영향을 미쳤다.

Profile

Karl Friedrich Schinkel

1781년	프로이센 왕국(현 독일)에서 태어남
1794년	베를린으로 옮겨 건축 아카데미에 입학
1803~1805년	이탈리아와 프랑스에서 유학
1810년	건설 지도관이 됨
1815년	건설청 고문이 됨
1816~1818년	노이에 바셰
1818~1821년	베를린 왕립 극장
1823~1830년	베를린 구 박물관
1841년	사망

기술자가 개척한 철과 유리의 건축

조셉 팩스턴

1801~1865년, 영국

수정궁에 사용된 약 30만 장의 유리판과 1,000개의 철 기둥은 동시대에 발명된 철도를 통해 영국 전역에서 수집되었다. 중앙 부분은 30m를 넘는 높이로, 원래 공원의 수목을 완전히 덮도록 되어 있었다.

정원 설계자 겸 건축가인 조셉 팩스턴은 런던 북서쪽 마을인 밀톤 브라이언(Milton Bryan)에서 농부의 아들로 태어났다. 그는 젊을 때부터 귀족의 정원을 관리하는 정원사로 일했다. 1826년 데본셔 공작의 전원주택인 채스워스 하우스의 주임 정원사가 된 후로는 그곳의 온실 개량 사업에 몰두한 끝에 철과 유리를 이용한 새로운 구조의 온실을 만들어냈다. 그는 채스워스 하우스의 대온실을 시작으로, 톱니 지붕(삼각형이 나란히 이어진 톱니 모양의 지붕)의 온실과 스팀 난방을 구비한 온실 등 수많은 온실을 완성하는 동시에 배수 설비와 구조물 시스템 개발에 관한 특허를 취득하는 등 기술 혁신을 추진했다.

1851년에는 철도 기술자인 찰스 폭스와 함께 런던 제1회 세계박람회의 전시장을 건설했다. '수정궁(크리스털 팰리스)'으로 불린 전시장은 철과 유리를 주로 쓴

수정궁의 전신인 대규모 온실

채스워스 하우스의 대온실

영국 채스워스, 1836~1840년

16세기에 지어진 영국 귀족의 전원 저택인 채스워스 하우스의 대규모 온실이다. 팩스턴은 이곳을 비롯한 여러 온실을 설계하면서 저렴하고 가벼운 나무 프레임에 유리 지붕을 올리는 공법을 거듭 실험한 결과 1951년에 수정궁을 완성하게 되었다.

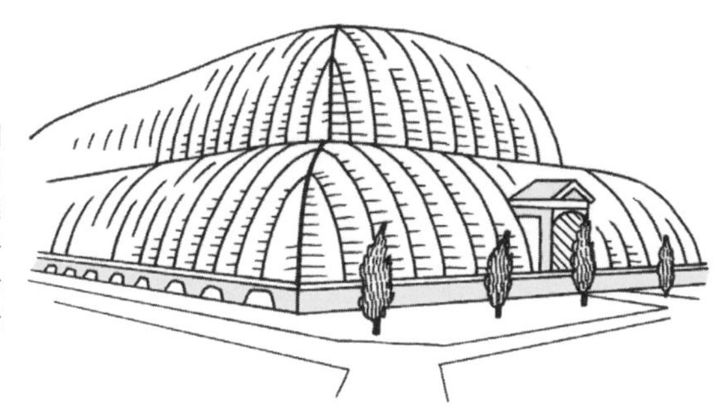

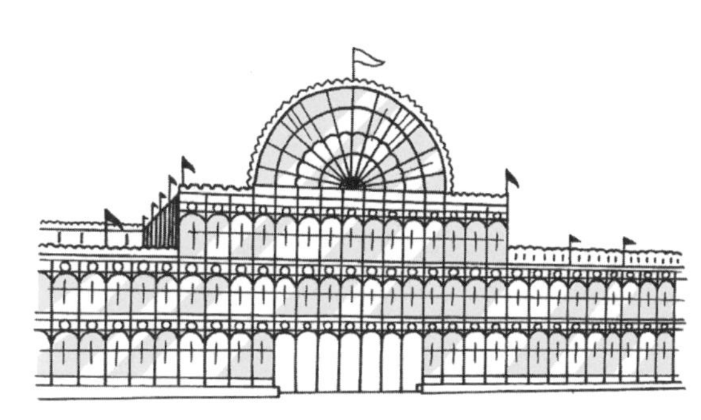

획기적인 공법과 재료를 활용한 박람회 전시관

수정궁(크리스털 팰리스)

영국 런던 → 시드넘, 1851 · 1854년

1851년에 런던 하이드 파크에서 열린 제1회 세계박람회의 전시장 건물이다. 철근과 유리로 만들어진 거대한 건물이면서 지붕 아치 부분에 목조를 도입하여 프리패브(부품을 공장에서 미리 생산하여 현장에서는 조립만 하는 건축 방식 – 옮긴이) 건물의 선구가 되었다. 행사가 끝난 후 런던 남부의 시드넘으로 옮겨 다시 지어졌지만 화재로 소실되었다. 현재는 시드넘에 수정궁의 이름만 남아 있다.

폭 100m, 높이 500m가 넘는 거대한 구조물이었음에도 약 9개월 만에 완공되었다.

이처럼, 산업혁명으로 대두된 철과 유리라는 새로운 건축재는 양식에 따라 기존 건축가들의 손이 아닌 온실 기술자나 철도 기술자 등 산업 기술자들의 손에서 건축 작품으로 재탄생했다.

Profile

Joseph Paxton

1801년	영국에서 농부의 아들로 태어남
1826년	채스워스 하우스의 주임 정원사가 되어 온실 실험, 개량을 거듭함
1831년	구조와 일체화된 배수 시스템으로 특허 취득
1842년	리버풀의 프린스 공원
1843년	슬라우의 업튼 공원, 머시사이드의 버컨헤드 공원
1844년	요크셔의 볼튼 수도원
1852년	벅스턴 공원
1854년	수정궁을 시드넘으로 이축(1936년에 소실)
1856~1857년	핼리팩스 시민 공원
1859년	던디의 박스타 공원
1864~1865년	던펌린 퍼블릭 공원
1865년	시드넘에서 사망

✎ 수정궁이라는 이름은 잡지 《펀치(Punch)》가 붙인 것이다.

건축의 새로운 가치관을 제시한 건축가

고트프리트 젬퍼

1803~1879년, 독일

젬퍼는 화로를 비롯하여 바닥, 지붕, 벽의 역할을 담당하는 직물 등의 피막이 건축을 구성하는 기본 4요소라고 주장했다.

고트프리트 젬퍼는 독일 함부르크 근교에서 실업가의 아들로 태어났다. 그는 대학에서 사학사와 수학을 배운 후에 건축을 공부하지만 결투 사건을 일으켜 파리로 도망쳤다. 이후 이탈리아와 그리스를 돌아다니며 고전주의 건축을 접하고 감명받았다고 한다.

1834년 드레스덴에 있는 작센 왕립 예술학교의 교수로 임명받은 그는 거기서 자신의 대표작인 젬퍼 오페라 하우스를 설계했다. 그러나 1848년 프랑스 2월혁명 때 드레스덴에서 일어난 폭동을 지지했다가 수배자가 되어 파리로, 다시 런던으로 도망친다. 이후 1855년에 갓 설립된 취리히 공과대학의 교수로 초빙되어 스위스로 망명하였으며, 그곳에서 그때까지 축적한 연구 결과를 정리했다.

1851년 젬퍼는 저서 『건축의 4요소』에서 '화로', '바닥', '지붕', '피막(벽)'의 네

바그너가 명곡을 선보인 왕립 가극장

젬퍼 오페라 하우스

독일 드레스덴, 1838~1841년

독일의 드레스덴에 있는 국립 오페라 극장. 1838년부터 1841년 사이에 젬퍼의 설계로 건설되었으나 그 후 화재로 소실되었다가 1871년에 젬퍼의 설계로 재건되었다. 반원형의 전면이 특징인데, 재건 후 더욱 바로크 양식의 면모를 갖추었다고 평가된다.

오스트리아의 대표 미술관

빈 미술사 미술관

오스트리아 빈, 1872~1881년

오스트리아 빈의 미술관. 프란츠 요제프 1세의 명으로 젬퍼가 설계하였고 젬퍼가 죽은 뒤에는 칼 폰 하제나우어가 공사를 이어받아 1881년에 완성했다. 신 르네상스 양식의 3층 구조로, 평면 계획을 젬퍼가 담당했다. 입구에는 도리아식, 이오니아식, 코린트식 기둥이 줄지어 있다.

가지가 건축의 기본 요소라고 정의했다. 여기서 중요한 것은 그가 화로에는 금속 세공과 도기 제작, 바닥에는 석재 가공, 지붕에는 목재 가공, 피막에는 직물 제작이라는 식으로 건물의 구성별로 소재 가공 기술을 대응하면서 건축의 원리를 설명하려 했다는 점이다. 이러한 사상은 건축계를 고전주의 건축의 신화적인 세계관에서 탈피하게 만들었다. 그리고 건축은 인간의 기술적인 행위에서 생겨난다는, 전혀 새로운 가치관을 제시했다.

Profile

Gottfried Semper

1803년	독일에서 태어남
1823년	괴팅겐 대학에서 사학사와 수학을 배운 후 건축으로 전향
1825년	뮌헨에서 프리드리히 게르트너에게 건축을 배움
1834년	작센 왕립 예술학교 교수로 취임
1841년	드레스덴 궁정 극장
1849~1851년	프랑스 파리로 망명
1851년	『건축의 4요소』 출간
1851~1855년	영국 런던으로 망명
1855년	취리히 공과대학 교수로 취임
1860~1863년	『공예 및 건축의 의식』 출간
1869년	빈터투어 시청사
1871년	빈 대학의 교수로 취임
1879년	사망

음악가 리하르트 바그너와 친분이 깊었던 젬퍼는 그를 위해 뮌헨 축제 극장을 설계했으나 건설에는 이르지 못했다.

고딕 부흥 운동의 이론적 지주

오거스터스 웰비 퓨진

1812~1852년, 영국

중세 기독교 사회를 이상적으로 여긴 퓨진은 고딕 양식의 정당성과 합리성을 이론과 실제 작품으로 증명하려 했다.

유럽에 신고전주의가 퍼져나가는 동안 18세기 후반의 영국에서는 중세 고딕을 부흥시키려는 '고딕 부흥 운동'이 일어났다. 처음에 고딕 부흥 운동은 낭만주의나 픽처레스크의 흐름에 비해 일종의 문학적 취미로 여겨졌지만 오거스터스 웰비 퓨진이 등장한 후 이론적인 정비가 이루어지면서 건축계에도 급속히 퍼지기 시작했다.

프랑스 혁명 이후 영국으로 망명한 동판화가의 아들로 런던에서 태어난 퓨진은 아버지의 일을 도우며 디자인 감각을 익혔다. 그는 젊을 때부터 건축뿐만 아니라 가구와 장식 디자인에까지 정통했다고 한다. 덕분에 건축가 찰스 배리(Charles Barry)에게 솜씨를 인정받아 영국 국회의사당 설계에 조수로 참여하게 되었고, 그 후 고딕 건축에 정열을 쏟았다(영국 국회의사당은 웨스트민스터 궁전으

고딕 장식으로 꾸며진 장엄한 웨스트민스터 궁전

영국 국회의사당

영국 런던 1836~1867년

찰스 배리가 제출한 신 국회의사당 설계안을 기초로 배리가 평면·입면·단면 계획을 맡고 퓨진이 세부 고딕 양식을 맡았다. 배리의 절충적인 구성과 퓨진의 세밀한 후기 고딕 장식이 융합된 완성도 높은 건물이다.

중세 고딕 양식을 재현한 비대칭 건물

세인트오거스틴 교회

영국 램즈게이트, 1845~1850년

퓨진이 직접 출자하여 자신의 집 옆에 세운 교회. 퓨진은 여기서 자신이 가장 높게 평가했던 13~14세기의 중세 고딕 양식을 고고학적으로 정확히 재현했다. 한편 일부러 비대칭으로 배치한 탑의 형태는 19세기 기독교 교회 건축에 영향을 미쳤다.

로도 알려져 있다 – 옮긴이).

퓨진은 중세야말로 이상적인 기독교 사회였다고 믿었다. 그래서 중세 고딕 건축이 고전 건축보다 구조·기능·장식 측면에서 뛰어나다는 사실을 책을 통해 이론적으로 주장하고 건축 작품을 통해 증명하려 했다. 퓨진의 이와 같은 주장은 유럽 전체의 교회 건축 규범으로 확대되었다.

Profile

Augustus Welby Northmore Pugin

1812년	프랑스에서 영국으로 망명한 동판화가의 아들로, 영국 런던에서 태어남
1834~1837년	킹에드워드 고등학교
1836년	『대비』 출간
1836~1867년	영국 국회의사당
1841년	『기독교 건축의 올바른 원리』 출간
1841~1846년	세인트자일스 교회
1841~1863년	램즈게이트 저택
1845~1850년	세인트오거스틴 교회
1852년	램즈게이트에서 사망

✎ 영국 국회의사당 설계에 퓨진이 얼마나 공헌했느냐에 대해 의견이 나뉜다. 배리의 조수에 불과했다는 설, 고딕 양식 건축가로서 배리를 대신했다는 설이 팽팽하게 대립하여, 두 사람이 죽은 뒤 아들들 사이에서 논쟁이 벌어지기도 했다.

복원에 자신만의 해석을 덧붙인 복원 전문 건축가

외젠 비올레르뒤크

1814~1879년, 프랑스

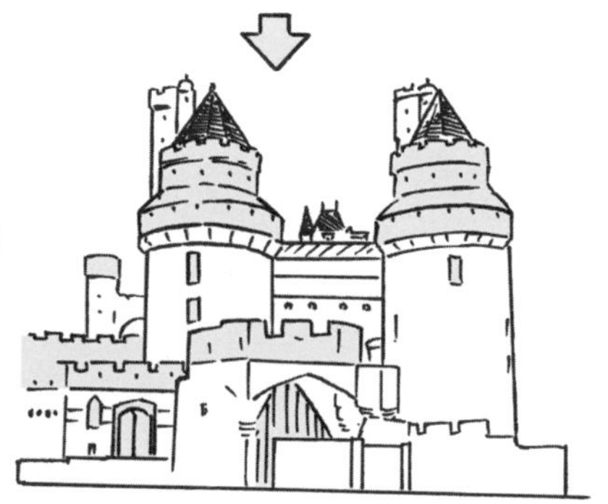

복원 건축가로 유명한 뒤크는 15세기의 고성 피에르퐁 성을 비롯한 많은 고딕 건물을 복원했다.

유복한 가정에서 태어난 외젠 비올레르뒤크는 어려서부터 그림에 재능을 보였다. 그러나 에콜 데 보자르의 권위주의에 반발하여 입학을 거부한 뒤 데생 학교에서 공부하며 각지를 돌아다녔고, 중세 건축을 스케치하며 건축을 배웠다. 그는 원래 고대 로마 쪽의 고전주의를 지향했지만 이탈리아 여행 이후 중세 고딕에 대한 관심이 많아졌다고 한다.

그러던 중 프랑스의 역사 건축 복원 담당 의원이었던 소설가 프로스페르 메리메의 의뢰를 받아 옛 건물의 복원에 참여할 기회를 얻었다. 그리고 베즐레의 라 마들렌 수도원 복원을 시작으로 파리의 노트르담 대성당 등 수많은 건물을 복원하였다. 그는 이러한 경험을 바탕으로 『11~16세기 프랑스 건축 사전』, 『건축 강의』 등을 저술하며 고유의 건축 이론을 구축해나갔다.

비올레르뒤크의 첫 복원 작품

라 마들렌 수도원

📍 프랑스 베즐레, 1840~1876년(복원)

비올레르뒤크가 처음으로 복원한 건물. 실측 조사에서 구조적 결함을 발견하고 구조 보강을 하면서 복원 작업을 진행했다. 그는 건물을 복원할 때 원래 건물에 충실하기보다 독자적인 해석을 더해 후세에 찬반양론을 불러일으켰지만, 로마네스크 시대의 교회당을 보존한 공적이 큰 것만은 사실이다.

빅토르 위고의 명작을 있게 한 파리의 대성당

노트르담 대성당

📍 프랑스 파리, 1842년(복원)

프랑스 혁명의 격동 속에서 폐허가 되었던 대성당의 복원을 비올레르뒤크가 맡았다. 처음 제출했던 계획안과는 달리 원래 없던 높은 첨탑과 조각을 추가하여 비판을 받았다. 그는 이렇듯 정확한 복원에만 그치기보다 건물로서의 기능을 중시하는 특성이 있었다.

그는 모든 고딕 건축을 구조역학적으로 설명하려 했으며 종교 건축의 각 부위에 대해 합리적이고도 기능적인 정당성을 부여하려 했다. 또 그때까지는 새로운 소재였던 철을 건축 재료로 인정하여 고딕 건축의 합리적 해석 범위를 확대하였다. 이는 과거 지향적이 되기 쉬웠던 고딕 부흥 운동을 기능미를 추구하는 20세기 근대 건축 운동(모더니즘)으로 연결하는 데 큰 영향을 미쳤다.

Profile

Eugéne Emmanuel Viollet-le-Duc

1814년	프랑스 파리에서 태어남
1840~1876년	라 마들렌 수도원(복원)
1842년	노트르담 대성당(복원)
1854~1868년	『11~16세기 프랑스 건축 사전』 출간
1857~1885년	피에르퐁 성(복원)
1862~1872년	『건축 강의』 출간
1864~1867년	생드니 드 레스트레 교회당 신축
1879년	스위스 로잔에서 사망

✎ 생드니 드 레스트레 교회당은 생드니 대성당(21쪽)의 부속 건물로 비올레르뒤크의 몇 안 되는 신축 작품이다. 이 건물 여기저기에서 그가 새로운 양식을 창작하려고 애쓴 흔적을 찾아볼 수 있다.

나폴레옹 3세의 제2제정 시대를 대변한 신바로크 건축가

샤를 가르니에

1825~1898년, 프랑스

역동적인 계단 주변을 호화로운 장식으로 꾸민 파리 오페라 극장. 가르니에가 만든 신바로크의 걸작이다.

1825년 파리 상점가의 교육열 높은 가정에서 태어난 샤를 가르니에는 1842년부터 파리에 있는 에콜 데 보자르에서 건축을 배웠다. 1848년에는 젊은 예술가의 등용문인 로마 대상을 수상하여 그 장학금으로 로마 유학을 했다. 유학 중에 그리스, 로마의 고대 건축을 열심히 돌아보았고 특히 그리스 장식의 색채에 관심을 보였다고 한다.

귀국 후에는 수많은 종교 시설을 지은 프랑스의 건축가 테오도르 발뤼(Théodore Ballu)에게서 건축을 배웠다. 1860년에는 프랑스의 행정관 조르주 외젠 오스만의 파리 개조 계획의 일환으로 개최된 신 오페라 극장 건축 설계 대회에서 당시 이미 대가로 이름을 날리던 비올레르뒤크를 물리치고 당선되어 호화로운 파리 오페라 극장을 건설했다. 그는 이 작품에서 바로크 요소를 대담하게 도입함으로

바로크 부흥의 계기가 된 걸작

파리 오페라 극장

프랑스 파리, 1862~1875년

신바로크의 걸작으로, 설계자의 이름을 따 '가르니에 궁전'으로도 불린다. 건축 면적에 비해 좌석 수는 적은 편이나 무대나 커다란 계단, 로비에 충분한 공간을 확보하고 호화찬란한 장식을 덧붙였다. 아직 낯선 소재였던 철을 구조부에 채용하여 합계 2,000석 이상, 총 5층의 거대한 관람 공간을 만들어 당시 최대 규모의 극장을 실현했다.

휴가지에 펼쳐진 신바로크의 건물

몬테카를로 국영 카지노

모나코 몬테카를로, 1878~1881년

가르니에의 신바로크 대표작. 1,000명 규모의 큰 방을 가운데 두고 룰렛실이 배치되었으며, 방마다 각기 다른 조각 등이 호화롭게 장식되어 있다. 가르니에가 설계한 몬테카를로 오페라 극장도 병설되어 있다.

써 동시대에 완성한 루브르 궁전 신관과 함께 '신바로크'로 불리는 바로크 부흥의 계기를 제공했다.

당시 프랑스는 나폴레옹 3세가 이끄는 제2제정 시대를 맞고 있었다. 19세기 프랑스에서 시작된 신바로크는 제국주의적 경쟁이 격화되던 유럽 제국에서 국가의 위신을 표현하는 최적의 양식으로 활용되며 20세기 전반까지 유행했다.

Profile

Jean Louis Charles Garnier

1825년	프랑스 파리에서 태어남
1842년	에콜 데 보자르에 입학
1848년	로마 대상 설계 대회에서 수석으로 입상하여 그리스, 이탈리아 등을 유학
1860년	신 오페라 극장 건축 설계 대회에 당선
1862~1875년	파리 오페라 극장
1878~1881년	몬테카를로 국영 카지노
1880~1888년	니스 코르다쥐르 천문대
1883년	마리니 극장
1898년	사망

파리의 오페라 극장은 당대부터 유명하여 소설 『오페라의 유령』의 무대가 되기도 했다.

제5장

19세기 후반 ~20세기의 건축가

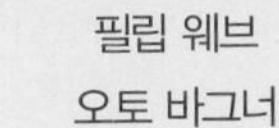

—

필립 웨브
오토 바그너
안토니오 가우디
루이스 설리번
빅토르 오르타
프랭크 로이드 라이트
찰스 레니 매킨토시
페터 베렌스
에드윈 루티엔스
아돌프 로스
에리히 멘델존
윌리엄 밴 앨런

—

미술공예운동에 앞장선 건축가

필립 웨브

1831~1915년, 영국

인테리어까지 종합적으로 디자인된 레드 하우스에서 생활과 예술의 융합을 지향하는 미술공예운동의 사상을 엿볼 수 있다.

19세기 후반, 산업혁명 이후의 기계화로 조악한 물건이 늘어나고 공장 노동의 확대로 인간 소외 현상이 심각해지자 영국에서는 수작업을 통해 중세의 길드(동업 조합)를 부흥시키려는 움직임이 일어났다. 이에 영국의 공예가인 윌리엄 모리스는 회화와 조각만을 예술로 여긴 종래의 가치관을 비판하고 공예품을 '소 예술'로 정의하여 민중의 생활 속에 예술을 도입하려는 '미술공예운동(Art and Craft Movement)'을 시작했다. 그 운동을 건축가로서 지지한 사람이 필립 웨브였다.

웨브는 처음에 옛 건물을 수선하는 건축가 밑에서 일하다가 런던의 건축 사무소로 옮긴 후 윌리엄 모리스를 만났다. 그 후 자신의 첫 작품이자 모리스의 자택인 레드 하우스(붉은 집)를 지었으며, 1861년에 그 동료들과 함께 모리스 마셜 앤 포크너 상회를 설립하여 상회 전속 디자이너로서 가구와 스테인드글라스를 디

✎ 레드 하우스는 윌리엄 모리스가 5년 동안 거주한 후 개인 소유를 거쳐 2003년부터 내셔널 트러스트(영국의 자연 보호와 사적 보존을 위한 민간단체—옮긴이)의 관할에 들어갔다.

미술공예운동의 이상적 주택

레드 하우스(붉은 집)

영국 런던, 1859~1860년

윌리엄 모리스의 중세주의 사상이 처음으로 실천된 자택으로, 런던 교외에 있다. 16세기 영국의 주택 양식으로 발전된 튜더 고딕 양식이 도입되었으며, 이름처럼 적벽돌이 주로 사용되었다. 정원을 둘러싸듯 L자형으로 배치된 평면은 고딕 양식의 전형적인 비대칭성을 보여준다.

웨브가 만년에 지은 중세풍 주택

스탠든 하우스

영국 서섹스, 1891~1894년

웨브의 만년 작품. 런던의 저명한 변호사 부부를 위해 지은 주택으로, 실내에는 모리스가 디자인한 카펫과 벽지가 사용되었다. 벽돌, 돌, 목재 등 다양한 재료를 섞어 써서 얼핏 외관이 복잡해 보일 수 있지만, 언덕 중턱에 배치하여 주위의 농원 풍경에 잘 녹아들도록 설계되었다.

자인했다.

웨브가 설계 · 디자인한 건물과 가구에서는 중세와 고딕 부흥의 영향뿐만 아니라 독자성과 실용성을 중시하는 모더니즘의 싹을 엿볼 수 있다. 그의 작품은 프랭크 로이드 라이트(94쪽)의 프레리 양식※에도 영향을 미쳤다고 한다.

Profile

Philip Speakman Webb

1831년	영국 옥스퍼드에서 태어남
1856년	런던 G.E.스트리트의 사무소에서 윌리엄 모리스를 만남
1859~1860년	레드 하우스
1861년	윌리엄 모리스 등과 함께 모리스 마셜 앤 포크너 상회를 설립
1891~1894년	스탠든 하우스
1915년	서섹스에서 사망

※ 평평한 대지에 납작한 모양으로 땅을 덮듯이 처마를 넓게 내는 주택 양식. 수평선을 강조했으며 실내와 외부 자연의 조화를 중시했다.–옮긴이

역사주의에서 근대 건축으로의 탈피

오토 바그너

1841~1918년, 오스트리아

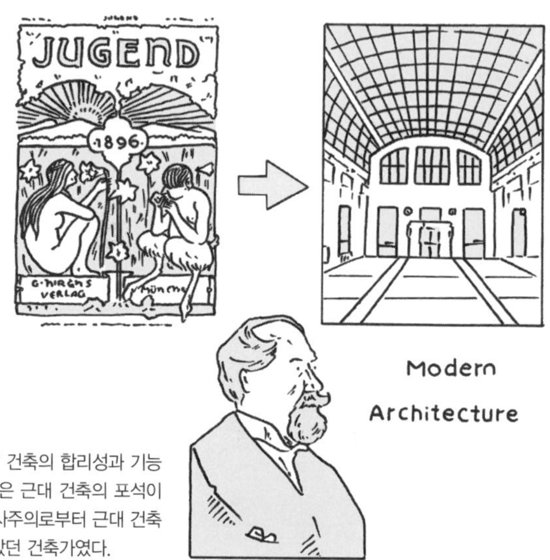

"예술은 필요에만 순종한다." 건축의 합리성과 기능성을 강조한 바그너의 이 말은 근대 건축의 포석이 되었다. 바그너는 건축이 역사주의로부터 근대 건축으로 이행하는 과도기를 살았던 건축가였다.

빈 교외에서 태어난 오토 바그너는 빈 공과대학과 베를린 건축 아카데미에서 건축을 공부한 후 빈 미술 아카데미에 다시 진학하여 1863년에 졸업했다. 당시 빈에서는 링슈트라세라는 새로운 순환 도로 주변에 다양한 역사적 양식의 공공 건물이 줄줄이 세워지고 있었는데, 바그너의 작품도 처음에는 그 건물들처럼 역사주의적이었다.

그러나 50대, 즉 1890년대 이후에는 '유겐트슈틸(아르누보의 독일식 명칭)'로 전향하여 빈의 도시 계획 고문으로서 현재 빈 교통의 기초가 되는 시영 철도를 계획하고 역사와 철교, 수문 등을 설계했다. 1894년에는 빈 미술 아카데미의 교수로 취임하였고, 그 이듬해에 자신의 강의를 정리한 『근대 건축』을 출간했다. 이 책에서 그는 역사주의 건축을 비판하고 젬퍼(72쪽)의 이론을 발전시켰으며, 사회

✎ 유겐트슈틸이란 독일어로 '젊은 양식'을 의미한다. 주간지 《유겐트》에서 유래한 말이다.

금색과 녹색을 효과적으로 배합한 아름다움

카를스플라츠 역사

📍 오스트리아 빈, 1899년

시영 철도의 건설에 종사했던 바그너가 설계한 역사 중 하나로, 카를스 광장 북쪽에 두 동이 마주 보고 서 있다. 유겐트슈틸 특유의 금색 장식을 입히고 녹색 프레임으로 흰 대리석 벽면 패널을 고정했다.

꽃모양 외벽이 인상적인

마욜리카 하우스

📍 오스트리아 빈, 1898년

유겐트슈틸 양식의 건물. '마욜리카 도기'로 불리는 꽃문양 타일이 외벽을 뒤덮고 있어서 이런 이름이 붙었다. 현재도 집합주택으로 사용된다.

근대 건축의 개막

빈 우편저금국

📍 오스트리아 빈, 1906~1912년

바그너가 유겐트슈틸에서 탈피한 후 만년에 지은 작품으로 근대 건축 초기의 명작이다. 이전과는 달리 장식도 실용성에 기초해 있다. 내부의 아트리움에는 자연광을 끌어들이기 위한 아치 모양의 이중 유리 지붕이 달려 있다.

변화에 발맞춰 새로운 소재를 사용하는 것을 지지했다. 예술은 필요에만 순종한다는 격언도 이 책에서 나왔다.

바그너는 또한 자신의 아카데미 제자였던 요제프 마리아 올브리히와 함께 1897년에 빈 분리파※를 결성하고, 스스로도 거기에 동참했다.

Profile

Otto Wagner

1841년	오스트리아 빈 교외에서 태어남
1857년	빈 공과대학 졸업 후 베를린 건축 아카데미, 빈 미술 아카데미에서 공부
1863년	건축가로 독립
1890년	빈의 도시 계획 고문으로 취임
1894년	빈 미술 아카데미의 교수로 취임
1895년	『근대 건축』 출간
1898년	마욜리카 하우스
1899년	카를스플라츠 역사
1906~1912년	빈 우편저금국
1918년	빈에서 사망

※ 과거의 예술 전반에서 벗어나 새로운 시대에 대응한 예술 종합 운동으로 제체시온이라고도 한다.—옮긴이

바르셀로나의 천재

안토니오 가우디

1852~1926년, 스페인

형태와 구조가 서로 의존한다고 생각한 가우디는 끈과 추와 견지(실크지)를 거꾸로 매달아 만든 모형인 '푸니쿨라'를 건축에 활용했다. 푸니쿨라를 거꾸로 늘어뜨린 다음 그것을 기준으로 아치와 볼트의 형상을 만든 것이다.

미완의 대작 사그라다 파밀리아의 설계자로 유명한 안토니오 가우디는 스페인 카탈루냐 주에서 태어나 주도인 바르셀로나에서 활약한 건축가다.

19세기 전후의 카탈루냐에서는 산업 혁명의 영향으로 철도가 출현하고 섬유업, 무역업이 발달하는 등 급격한 도시화가 진행되고 있었다. 그런 중에 도시 계획가인 일데폰스 세르다의 바르셀로나 정비 확장 계획이 실행에 옮겨졌고, 거기에 가우디가 건축가로서 큰 역할을 담당하게 되었다. 가우디는 당시 국제도시로 변모하던 바르셀로나에 카탈루냐의 독특한 문화를 담은 건축 작품을 속속 만들어냈다.

가우디의 종교 건축

환상적인 빛이 비쳐 드는 지하 성당

콜로니아 구엘 성당의 지하 예배실

📍 스페인 바르셀로나, 1898~1916년

섬유업자인 에우제비오 구엘이 노동자 주거지 안에 지으려고 가우디에게 설계를 의뢰한 교회. 거꾸로 매달린 모형으로 실험을 반복하여 아치를 설계했다고 전해지지만 공사는 결국 미완으로 끝났다. 여기서의 경험이 사그라다 파밀리아로 이어졌다.

사후에도 건설이 계속되는 미완의 세계유산

사그라다 파밀리아 성당

📍 스페인 바르셀로나, 1883년~

구조적 합리성과 유기적 조형이 융합된 미완의 걸작. 가우디는 31세 때 전임자로부터 이 사업을 물려받아 주임 건축가가 되었고, 그 후 평생 동안 이 성당 설계에 종사했다. 내전 등으로 도면과 모형 대부분이 사라진 탓에, 가까스로 살아남은 자료를 기초로 가우디의 설계를 추측하면서 지금까지 건설 중이다. 2026년 준공 예정.

동세공 기술자 부부에게서 태어난 가우디는 바르셀로나 건축학교에서 건축을 배워 1878년에 건축사 자격을 취득했다. 그리고 같은 해에 개최된 파리 세계박람회의 스페인관을 디자인했는데, 그 일을 계기로 후원자인 부호 에우제비오 구엘과 만나 이후 바르셀로나에 많은 건축 작품을 남겼다.

가우디는 자연을 본뜬 세부 장식으로 만든 유기적 조형으로도 유명하지만, 한편으로는 '거꾸로 매달린 모형' 실험으로 구조의 합리성을 표현할 만큼 구조역학적 지식도 풍부했다. 이러한 조형과 구조의 조화야말로 가우디의 건축 작품의 특징이라 할 수 있다.

가우디의 대표작

넘실거리는 벽면이 시선을 빼앗는

카사 밀라

스페인 바르셀로나, 1906~1910년

바르셀로나의 실업가인 페드로 밀라 부부를 위해 지은 주택. 두 개의 원형 중정을 둘러싼 건물이 부지를 꽉 채우고 있다. 외부는 물결치는 돌 벽으로 구성하고 발코니에는 해조가 연상되는 철 난간을 달아 마치 둥근 언덕처럼 보이는 건물이다.

알록달록한 타일이 여기저기 흩어져 있는

카사 바트요

스페인 바르셀로나, 1906년

기존에 있던 건물을 가우디가 개축했다. 구조체에는 손대지 않고 타일과 스테인드글라스 장식을 덧붙였다. 곡선 디자인을 대담하게 도입함으로써 사람의 움직임을 응용한 유기적인 형태를 만들어냈다.

타일로 채색된 공원

구엘 공원

스페인 바르셀로나, 1914년

에우제비오 구엘이 시장, 극장 등을 갖춘 도시 주택 단지의 설계를 가우디에게 의뢰했는데, 이 공원도 그 계획의 일부였다. 부지가 바르셀로나 교외의 언덕 일대여서 가우디는 자연과 조화된 통합 예술을 펼칠 생각으로 계획에 임했지만 집 두 채가 세워진 뒤 계획이 중단되었고 공원은 시에 기증되었다.

공원 안에는 도마뱀 등 다양한 모티프가 선명한 색의 타일로 꾸며져 있다.

가우디의 초기 작품

구엘 저택

📍 스페인 바르셀로나, 1886~1889년

구엘을 위해 설계된 저택. 중심의 살롱은 아치 볼트(아치 앞면의 가장자리에 붙인 장식물)가 떠받치고 있으며 천장 돔의 둥근 구멍에서는 자연광이 들어온다. 가우디의 초기 대표작.

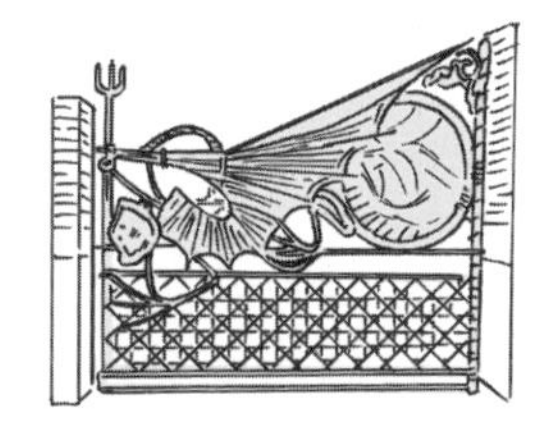

구엘 별장

📍 스페인 바르셀로나, 1884~1887년

구엘이 처음으로 의뢰한 작품. '용의 문'을 가운데에 두고 관리인 숙소와 마구간 건물이 배치되어 있다. 여기저기서 카탈루냐의 전통 공법을 찾아볼 수 있다.

가우디 초기 작품의 색채를 엿볼 수 있는

카사 비센스

📍 스페인 바르셀로나, 1878~1885년

바르셀로나에 현존하는 가우디의 첫 작품. 아라비아 타일 제조업자였던 마누엘 비센스의 집이다. 기독교 건축 양식에 이슬람 예술이 융합된 무데하르 양식의 영향을 받아 외관을 알록달록한 타일로 뒤덮고 식물을 본뜬 장식을 활용했다.

Profile

Antonio Gaudi

1852년	스페인 카탈루냐 지방의 타라고나에서 태어남
1878년	바르셀로나 건축학교 졸업, 건축사가 되어 에우제비오 구엘을 만남
1883년	사그라다 파밀리아 성당의 주임 건축가로 취임
1884~1887년	구엘 별장
1886~1889년	구엘 저택
1906년	카사 바트요
1906~1910년	카사 밀라
1912년경~	사그라다 파밀리아 성당의 사업에 전념
1914년	구엘 공원
1918년	에우제비오 구엘 사망
1926년	노면 전철에 치어 사망, 사그라다 파밀리아 성당에 묻힘
2026년	사그라다 파밀리아 성당 준공 예정

안토니오 가우디 관계도

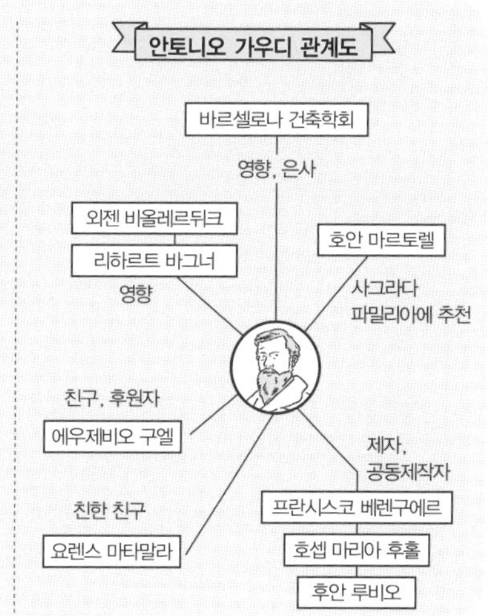

✎ 가우디의 제자이자 공동 제작자였던 후홀은 카사 바트요의 파사드와 구엘 공원의 타일 장식, 카사 밀라의 마감 등을 담당했다. 가우디는 그의 독특한 색채 감각을 높이 평가했다.

기능주의 건축을 대표하는 근대 건축가

루이스 설리번

1856~1924년, 미국

형태는 기능을 따른다는 설리번의 말은 기존의 양식이 아닌 건축 용도나 기능에 따라 건물의 형태가 정해진다는 뜻으로, 이후 기능주의가 발전하는 계기를 제공했다.

시카고파※의 핵심 인물이었던 루이스 설리번은 미국 보스턴에서 아일랜드 태생 아버지와 스위스 태생 어머니 밑에서 태어났다. 매사추세츠 공과대학에서 건축을 배운 그는 졸업 후 설계 사무소에 근무하다가 1873년에 시카고로 이주하였고, 철골 라멘(기둥과 들보를 이루는 철골이 연속으로 단단하게 이어진 건축의 구조 형식 – 옮긴이) 구조를 처음 도입한 것으로 유명한 윌리엄 제니의 사무소에 들어가 철골 고층 건물의 건축을 경험했다. 그 후 파리 유학을 거쳐 당크마르 아들러의 사무소에 근무하였으며 1881년에는 그곳의 공동 경영자가 되었다.

두 사람의 사무소는 1871년 시카고 대화재 이후 건설 수요가 쏟아지던 시카고에서 큰 성공을 거두어 10여 년 사이에 100동 가까운 건물을 설계했다. 특히 1889년에는 오디토리엄 빌딩, 1891년에는 웨인라이트 빌딩을 완공하여 극장과 사무

※1880년대 초부터 1900년대 초까지 미국 시카고에서 활약한 근대 건축가 그룹 또는 그들이 세운 건물–옮긴이

철골 프레임 고층 건물의 선구

웨인라이트 빌딩

미국 세인트루이스, 1891년

오디토리엄 빌딩 이후 사무용 건물 설계에 주력했던 설리번과 아들러의 대표적인 작품. 고층 건물로서 승강기도 도입되었다. 산업혁명의 기술 혁신으로 철의 대량 생산이 가능해지자 이런 철골 프레임 고층 건물이 속속 지어졌다.

시카고의 상징이 된 건물

오디토리엄 빌딩

미국 시카고, 1887~1889년

설리번과 아들러의 공동 설계로 만들어진 시카고의 대표적인 건물. 4,000석 이상의 극장과 사무실, 호텔, 상업 시설을 구비한 대규모 복합 시설이다. 이 빌딩은 시카고 대화재 이후의 부흥의 상징인 동시에 시카고의 문화적 상징이 되어 1893년 시카고 세계박람회 유치에도 영향을 미쳤다.

실 설계로 이름을 떨쳤다.

설리번은 근대 건축의 격언인 "형태는 기능을 따른다"는 말을 남겼지만 한편으로는 장식에도 매료되어 개인적인 설계에서는 아르누보(art nouveau)풍의 장식을 즐겨 썼다. 이처럼 기능주의를 표방하면서도 자연과 건축의 유기적인 융합을 지향한 설리번의 사상은 제자인 라이트(94쪽)에게로 이어졌다.

Profile

Louis Henry Sullivan

1856년	미국 보스턴에서 태어남
~1872년	메사추세츠 공과대학에서 건축을 배움
1873년	필라델피아의 프랭크 퍼니스 사무소를 거쳐 시카고의 윌리엄 제니 사무소에 근무
1874년	프랑스 파리의 에콜 데 보자르에서 공부
1879년	당크마르 아들러의 사무소에 근무
1881~1895년	아들러와 공동 설계 사무소 운영
1887~1889년	오디토리엄 빌딩
1891년	웨인라이트 빌딩
1899~1904년	카슨 피리 스코트 백화점
1894년	개런티 빌딩
1924년	시카고에서 사망

아르누보와 건축을 융합한 최초의 건축가

빅토르 오르타

1861~1947년, 벨기에

식물 모티프를 활용한 아르누보 양식이 쓰인 타셀 저택. 오르타는 가는 기둥과 유선형 난간 등을 활용하여 유려한 공간을 만들어냈다.

19세기 말부터 20세기 초에 걸쳐 새로운 예술을 의미하는 아르누보가 프랑스 파리를 중심으로 유행했다. 이에 건축계는 과거의 건축 양식을 모방하던 태도에서 탈피하여 '자포니즘(japonism, 일본의 문화를 선호하는 현상)' 등의 비서구권 예술과 미술공예운동의 영향 하에 근대 사회 생활에 적합한 새로운 건축 재료를 응용할 방법을 모색했다.

최초의 아르누보 건축으로 꼽히는 타셀 저택을 건설한 사람이 빅토르 오르타다. 그는 벨기에 겐트에서 태어나 파리에서 인테리어 디자이너로 일하다가 귀국하여 브뤼셀의 미술학교에서 건축을 공부했다. 졸업 후에는 대학 교수이자 신고전주의 건축가인 알퐁스 발라의 조수가 되어 유리와 철을 활용한 왕궁 온실의 설계에 참여했으며 1885년에 독립한 후에는 타셀 저택과 솔베이 저택 등 몇몇 개

밝고 개방적이고 아름다운 내부 공간

오르타 저택

벨기에 생질(Saint Gilles), 1898~1901년

오르타의 자택 겸 아틀리에. 자택과 아틀리에는 외부에서 보면 인접해 있는 독립 건물이지만 내부에서 보면 서로 이어져 있다. 계단실의 유리 천장과 스킵 플로어(건물 각 층의 바닥 높이를 반 층씩 높이는 방식) 구조 덕분에 내부 공간이 밝고 널찍하다. 현재는 오르타 미술관으로 사용된다.

사상 최초의 아르누보 건물

타셀 저택

벨기에 브뤼셀, 1893~1894년

건축에 아르누보를 융합한 최초의 사례로 꼽힌다. 당시 새로운 소재였던 철과 유리를 많이 썼는데, 철을 구조체뿐만 아니라 식물을 본뜬 장식에도 쓴 것이 특징이다. 벨기에의 고전적인 공간 배치에 변화를 주어 집의 중심부에 자연광이 들어오도록 만들었다.

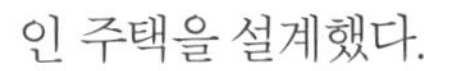

인 주택을 설계했다.

벨기에의 아르누보는 정치적인 상황과도 밀접한 관련이 있어 오르타도 노동당 본부와 역사, 홀 등 공공건물을 지었다. 20세기에 들어서는 아르누보의 작풍을 버리고 새로운 작풍을 모색하였으나 각광받지는 못했다. 그럼에도 오르타의 작품들은 이후 프랑스의 아르누보 건축을 견인한 엑토르 기마르 등에게 영향을 미쳤다.

Profile

Victor Horta

1861년	벨기에 겐트에서 태어남
1878년	파리로 건너가 장식 디자인 스튜디오에서 일함
1881년	벨기에로 돌아와 미술학교에서 건축을 공부
1885년	브뤼셀에 설계 사무소를 엶
1893~1894년	타셀 저택
1894년	솔베이 저택
1898~1901년	오르타 저택
1912년	브뤼셀 미술 아카데미 교수로 취임
1913년	벨기에 왕립 아카데미 미술 부문의 파견원으로 근무
1927년	벨기에 왕립 아카데미 회장으로 취임
1932년	알베르 1세에게 남작 작위를 받음
1947년	브뤼셀에서 사망

벨기에의 한 실업가를 위해 설계된 솔베이 저택은 예산에 제한이 없어 외장에서 가구와 세간에 이르기까지 오르타의 설계에 따르며 아르누보의 특색이 호화롭게 발휘되었다.

끊임없이 변화한 건축의 거장

프랭크 로이드 라이트

1867~1959년, 미국

라이트의 작품에는 흡사 땅에서 싹튼 듯한 유기성, 내외의 공간이 녹아드는 듯한 유동성이 있다.

프랭크 로이드 라이트는 미스(112쪽), 르 코르뷔지에(116쪽)와 함께 20세기의 3대 거장으로 손꼽히는 건축가다.※ 그러나 그는 두 사람보다 스무 살이나 많아서 그들의 스승인 베렌스(100쪽)와 같은 세대다. 장식이 과도하다는 이유로 한때 '19세기적'이라는 비판을 받았던 라이트가 지금에 와서 두 사람과 동등하게 취급되는 것은 그가 60년 넘게 설계 활동을 이어나가며 마지막까지 진화를 계속했기 때문이다.

라이트는 설리번(90쪽) 밑에서 경험을 쌓은 뒤 미국을 중심으로 방대한 수의 작품을 만들어내며 시대와 함께 작풍을 바꿔갔다. 우선 20세기 초에는 저층 구

※ 그로피우스(110쪽)까지 합해 근대 건축의 4대 거장으로 부르기도 한다.

라이트의 걸작

자연과의 일체감을 느낄 수 있는 유기적 건축

낙수장(카우프만 저택)

미국 펜실베이니아, 1936년

펜실베이니아주 베어런(Bear Run)의 숲속에 있는 집으로, 폭포를 바라보는 곳이 아닌 폭포 위에 지어진 것이 독특하다. 겹겹이 포개진 콘크리트 바닥에서는 땅과의 연계를 단절하려 했던 유럽식 건축에서 찾아볼 수 없는 자연과의 일체감을 느낄 수 있다.

소라 모양의 나선형 미술관

솔로몬 R. 구겐하임 미술관

미국 뉴욕, 1959년

센트럴 파크를 바라보는 뉴욕 5번가의 길가에 지어진 미술관이다. 나선형 슬래브가 안쪽과 바깥쪽으로 폭을 넓히면서 상승하는 모양이 소라를 떠올리게 한다. 방문객이 중앙의 승강기로 꼭대기까지 올라갔다가 벽을 따라 내려오며 그림을 감상할 수 있도록 바닥을 비스듬하게 설계한, 보기 드문 미술관이다. 라이트가 죽고 나서 6개월 후에 완공되었다.

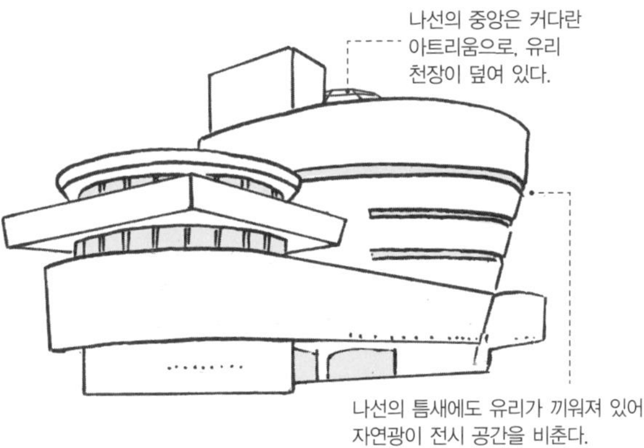

조와 깊은 처마로 건물 내부와 자연을 융합한 프레리 양식을 확립하여 로비 저택 등을 지었다. 1920년경부터는 콘크리트를 주로 이용하면서 마야의 신전이 연상되는 블록을 즐겨 썼는데 홀리호크 저택이 대표적이다. 그가 일본에서 활약한 것도 이 무렵이다. 만년에는 장식을 줄여서 더욱 근대적인 작풍을 전개했다. 낙수장과 사후 완성된 솔로몬 R. 구겐하임 미술관이 여기에 해당한다.

이처럼 그의 작풍은 시기별로 변화했지만 내외 공간의 유동성과 마치 땅에서 싹튼 듯한 유기성만은 평생 변하지 않았다. 이것은 근대 건축의 중요한 특징이기도 하다.

라이트의 주택 작품

프레리 양식의 진수

로비 저택

📍 미국 시카고, 1906년

라이트가 확립한 프레리 양식의 대표작. 중력에 반하는 수직 방향이 아닌 수평 방향의 슬래브를 기초로 하며, 내외의 연속성과 자연과의 융합을 중시했다.

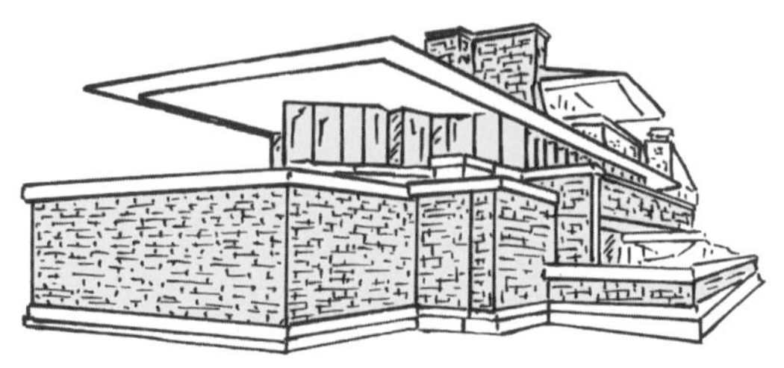

접시꽃 집

홀리호크 저택(반스달 저택)

📍 미국 로스앤젤레스, 1917~1920년

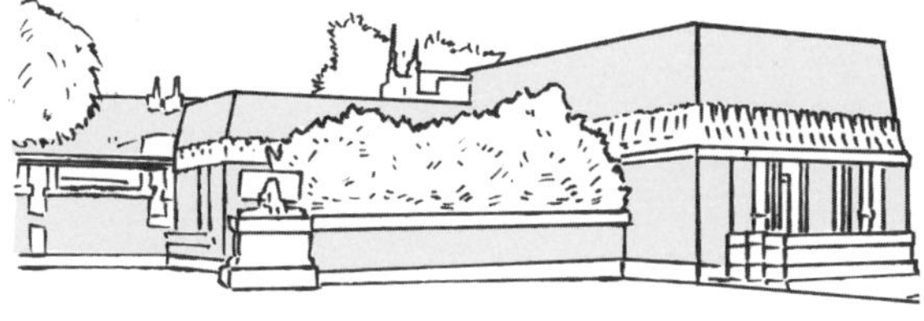

바다가 내려다보이는 로스앤젤레스의 고지대에 세워진 집이다. 부지에 접시꽃이 자생하여 '홀리호크 저택(Hollyhock House, 접시꽃 집)'으로 불린다. 벽면의 장식도 접시꽃이 모티프다. 20세기 초엽의 현대 예술이 대개 그렇듯 마야, 아즈텍, 이집트 등 고대 문명의 영향을 받은 것으로 보이지만 라이트 본인은 이 주택을 그야말로 캘리포니아풍이라고 표현했다.

사막에 세워진 라이트의 공방

탤리에신 웨스트

📍 미국 애리조나, 1937~1959년

'탤리에신'은 라이트의 공방과 제자들의 공동생활 주택을 포함한 건물들을 지칭한다. 1911년부터 위스콘신주에 탤리에신이 존재했으나, 겨울의 혹독한 추위를 피하기 위한 겨울 주거지로 1937년부터 애리조나주에 탤리에신 웨스트가 조성되기 시작했다. 라이트는 사무소를 탤리에신 펠로십이라는 건축학원과 함께 운영했는데, 거의 해마다 이루어진 탤리에신의 증개축도 그 제자들이 담당했다.

독특한 육각형 집

한나 하우스

📍 미국 스탠퍼드, 1936년

라이트는 유연성 있는 내부 공간을 실현하기 위해 육각형을 설계의 기본 단위로 활용하려고 했다. 그 최초의 사례가 이 한나 하우스다. 이 집은 벽도 육각형 형태를 따라 120도 각도로 구부러져 있다.

✎ 안토닌 레이먼드는 데이코쿠 호텔 건설을 위해 라이트와 함께 일본으로 간 건축가다. 그 후 일본에서 설계 사무소를 열고 사업을 전개하면서 마에카와 구니오 등 일본의 근대 건축의 거장들에게 큰 영향을 미쳤다.

라이트의 만년 작품

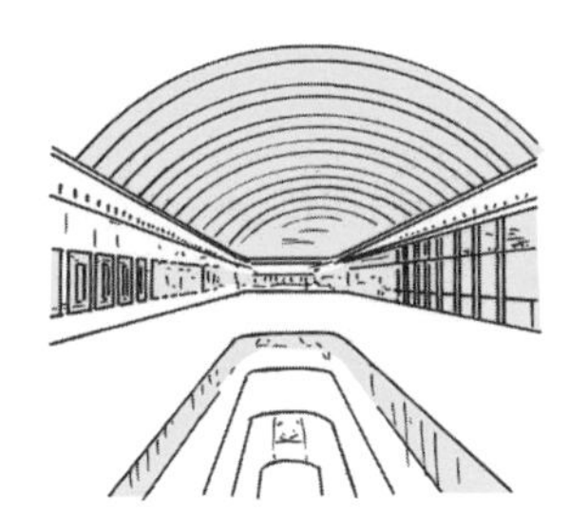

마린 카운티 시민 회관

미국 캘리포니아, 1957~1959년 설계, 1966년 완공

샌프란시스코 북부의 산라파엘 마린 카운티에 지은 공공건물이자 라이트의 마지막 프로젝트다. 아트리움의 상부는 유리 천장으로 마감하였고, 하부에는 도로가 있어 건물 안으로 자연광과 외부 공기가 들어온다.

라이트의 일본 작품

지유갓칸 메이니치칸

일본 도쿄, 1921년

라이트는 일본에 머무르는 4년 동안 도쿄의 지유갓칸 메이니치칸, 고베의 야마무라 저택을 설계했다. 지유갓칸의 창립자인 하니 요시카즈, 모토코 부부는 라이트 밑에서 일했던 건축가 엔도 아라타의 친구였다.

데이코쿠 호텔

일본 도쿄, 1923년

라이트를 일본으로 불러들인 작품. 개장 행사를 준비하는 중에 간토 대지진이 일어났는데도 이 건물은 살아남아서, 지금까지도 메이지무라 박물관에 현관 부분이 옮겨져 보존되고 있다.

Profile

Frank Lloyd Wright

1867년 미국 위스콘신주에서 태어남
1885년 위스콘신 대학 토목과에 입학했다가 중퇴하고 시카고로 건너감
1887년 루이스 설리번 등이 운영하는 설계 사무소에 들어감
1893년 시카고에 설계 사무소를 엶
1895년 독립 후 첫 사업인 윈슬로 저택 준공
1906년 로비 저택
1909년 처자식을 두고 체니 부인과 함께 유럽으로 가서 자신의 작품집을 편집·감수함
1910년 베를린의 프레츠&바스무트사를 통해 작품집 출판
1911년 미국 귀국, 탤리에신 건설
1914년 방화로 탤리에신이 불타고 부인과 자녀, 제자들이 살해됨
1919년 데이코쿠 호텔 착공, 안토닌 레이먼드 부부를 따라 일본으로 감
1921년 지유갓칸 메이니치칸
1932년 탤리에신 펠로십 설립, 『프랭크 로이드 라이트 자서전』 출간
1936년 한나 하우스, 낙수장
1959년 애리조나에서 사망, 솔로몬 R. 구겐하임 미술관 완공

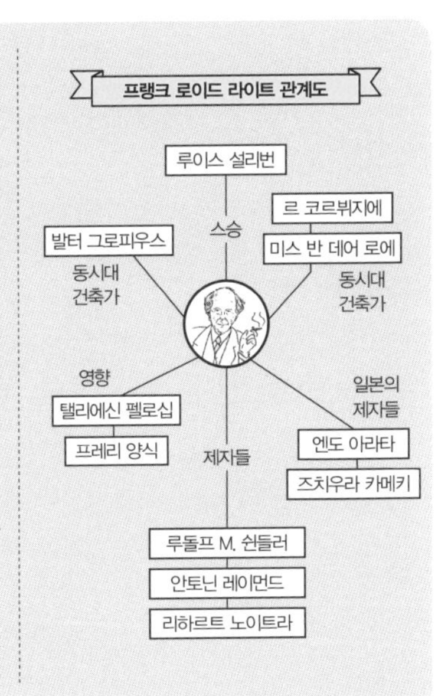

자신만의 스타일을 만들어간 영국의 건축가

찰스 레니 매킨토시

1868~1928년, 영국

매킨토시는 윌로우 티 룸 등 직접 설계한 건물의 내장 디자인도 설계했다. 또 하이팩 의자 등 가구 디자인 분야에서도 수많은 명작을 남겼다.

스코틀랜드 글래스고에서 태어난 매킨토시는 어릴 때부터 자연과 성, 주택 등을 스케치하면서 건축가를 꿈꾸었고 16세부터는 글래스고의 건축가 존 허치슨(John Hutchison)의 사무소에서 일하면서 글래스고 예술학교 야간부에서 건축을 배웠다.

21세 무렵에는 훗날 파트너가 될 허니맨&케피 사무소에서 일하면서 설계 활동을 본격적으로 개시했다. 그리고 그 무렵 글래스고 예술학교에서 알았던 건축가 허버트 맥네어(James Herbert McNair), 화가 겸 금속 세공 기술자였던 맥도널드 자매와 함께 '더 포(The Four)'를 결성했다. 이들은 미술공예운동의 자극을 받아 활동을 시작했지만 점차 아르누보와 자포니즘의 영향을 받으면서 직선과 기하학을 활용한 자신들만의 '글래스고 양식'을 확립해나갔다. 그들의 디자인은 영

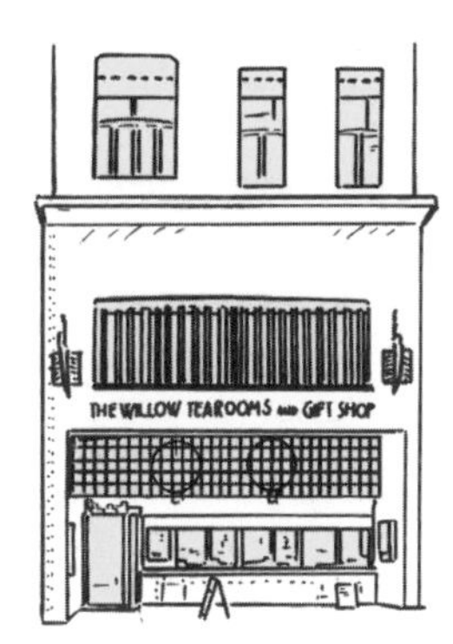

유려한 인테리어가 일품인

윌로우 티 룸

영국 글래스고, 1903년

매킨토시가 디자인한 찻집 중 가장 유명한 곳이다. 버드나무를 모티프로, 가구와 테이블웨어, 그래픽에 이르기까지 많은 부분을 설계 · 디자인했다.

아르누보에서 아르데코로

글래스고 예술학교와 도서관

영국 글래스고, 1897~1909년

예산 부족으로 건설이 15년간 계속되는 바람에 매킨토시의 스타일도 2기로 나뉜다. 1기에는 곡선 디자인이 주를 이뤘지만 2기에 지어진 도서관에는 기하학적 요소가 많이 쓰였다. 매킨토시의 작풍의 변화를 한눈에 볼 수 있는 곳이다.

전통 양식과 디자인의 융합

힐 하우스

영국 글래스고, 1902~1904년

스코틀랜드의 고전적인 주택 양식인 스코티시 배러니얼(Scottish Baronial) 양식에 기하학적인 디자인을 추가한 작품. 기능적인 L자형 평면과 개구부, 가구, 세간 등 모든 요소에 매킨토시의 디자인이 적용되었다.

국 내에서는 혹평을 받았지만 빈의 전람회에서 높은 평가를 받으며 오토 바그너(84쪽)와 그 제자들이 중심을 이룬 빈 분리파에 영향을 미쳤다.

매킨토시는 제1차 세계대전이 시작된 1914년 이후 런던으로 이주하여 설계 활동을 하다가 1923년부터 건축 설계에서 손을 떼고 프랑스 남부로 떠났다. 그리고 세상을 떠나는 1928년까지 수채화가로 활동했다.

Profile

Charles Rennie Mackintosh

1868년	영국 글래스고에서 태어남
1884년~	존 허치슨의 사무소에서 일하며 글래스고 예술학교 야간부에서 건축을 배움
1889년	허니맨&케피 건축 사무소에 들어감
1892년경	맥도널드 자매, 허버트 맥네어를 만나 더 포 결성
1896년	글래스고 예술학교 설계 대회 우승
1897~1909년	글래스고 예술학교, 도서관
1902~1904년	힐 하우스
1903년	윌로우 티 룸
1914년	런던으로 이주
1923년	프랑스 남부로 떠남
1927년	병에 걸려 런던으로 돌아옴
1928년	런던에서 사망

근대 건축사를 체현한 건축가

페터 베렌스

1868~1940년, 독일

페터 베렌스는 유겐트슈틸을 대표하는 목판화 〈입맞춤〉, 로마네스크 교회에 비견되는 하겐의 화장장을 만들었으며, AEG 상표, 전기주전자 등의 산업용 작품을 제작하며 다양한 활약을 펼쳤다.

베렌스는 20대 때부터 화가로 유명했다. 그가 그린 〈입맞춤〉은 유겐트슈틸을 대표하는 작품으로 손꼽힌다. 그러다 베렌스는 30대 이후 자기와 유리, 가구, 건축으로 활동 영역을 넓힌다. 32세에 건축한 자택은 화가 시절 작풍의 연장선상에 있다고 평가되지만, 그 후로는 고전주의 특히 로마네스크를 대표하는 산미니아토 알 몬테 성당(19쪽)과 닮은 작품을 남겼다.

40대에는 당시 급성장 중이던 전기 설비 회사 AEG와 손을 잡고 다양한 공업제품과 공장 설계, 디자인에 관여했다. AEG 터빈 공장을 비롯한 그의 업적들은 기술과 예술의 통합에 성공한 최초의 사례로 평가받고 있다. 이 시기의 베렌스의 관심은 신고전주의로 유명한 싱켈(68쪽)에게 쏠려 있었던 듯하다. 한편 이 시기에는 베렌스의 사무소에서 발터 그로피우스와 미스 반 데어 로에, 르 코르뷔지에가 일하기도 했다.

✎ 그로피우스는 1908~1910년, 미스는 1908~1911년, 르 코르뷔지에는 1910년에 각각 베렌스의 사무소에 근무했다. 근대 건축의 거장들이 한때 베렌스의 사무소에서 함께 일했던 것이다.

상표에서 제품 디자인, 공장 시설까지

AEG 터빈 공장

📍 독일 베를린, 1909년

AEG 터빈 제품의 공급 총액은 1904년에 1,000마력이었던 것이 1909년 초에 100만 마력으로 급증했다. 비약적인 수요 증가에 대응하기 위해 새로 건설된 것이 이 공장이다. 이곳은 깊이 207m(당초는 123m), 폭 25.6m의 거대한 기둥 없는 공간과 그보다 약간 깊이가 얕은 2층 건물로 구성된다.

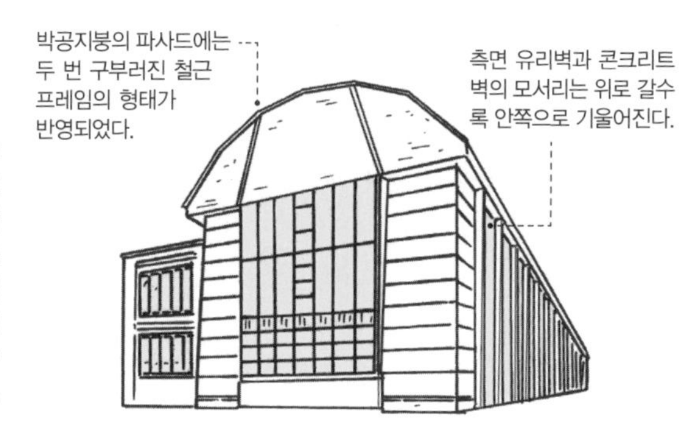

예술가 마을의 집

다름슈타트 예술가 마을 자택

📍 독일 다름슈타트, 1901년

다름슈타트의 예술가 마을에 있는 자택. 이 마을은 루트비히 대공이 사회 및 문화 생활의 새로운 중심지를 마련하기 위해 정치가와 실업가의 지원을 받아 독일 헤센의 다름슈타트에 조성한 곳이다. 요제프 마리아 올브리히가 거의 모든 집을 지었으나 이 자택은 베렌스가 담당했다.

베렌스는 50대 이후 암스테르담파(제1차 세계대전 후 암스테르담을 중심으로 활동한 건축가 그룹–옮긴이)에 치우친 표현주의로 흘렀다가 50대 말에 들어서 근대주의적 작품을 만들었다. 영국 최초의 국제 건축(110쪽) 건물로 불리는 W. J. 바세트 로크 저택을 설계했고, 바이센호프 지들룽※에서는 미스 등과의 합작도 완수했다.

고전주의, 신고전주의, 표현주의, 근대주의 등 근대 건축사의 면면을 베렌스만큼 다양하게 체현한 건축가도 없을 것이다.

Profile

Peter Behrens

1868년	독일 함부르크에서 태어남
1901년	다름슈타트 예술가 마을 자택
1903년	뒤셀도르프 미술공예학교 교장으로 취임
1907년	독일공작연맹 설립, 독일 전기설비 기업 AEG사의 예술 고문으로 취임
1909년	AEG 터빈 공장
1912년	상트페테르부르크 독일 대사관
1922년	빈 예술원의 건축학교 교장으로 취임
1936년	베를린 프러시아 미술학원 건축과장으로 취임
1940년	베를린에서 사망

※ 지들룽은 독일어로 '집합주택'이라는 뜻. 독일공작연맹 전시회에 즈음하여 1927년 슈투트가르트에 조성된 주택단지를 말한다.–옮긴이

인도의 수도 뉴델리를 만든 건축가

에드윈 루티엔스

1869~1944년, 영국

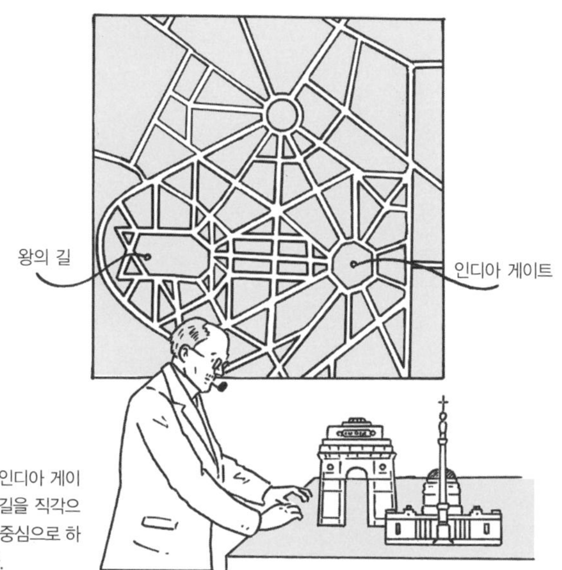

뉴델리의 도시 계획은 대통령궁과 인디아 게이트를 연결한 왕의 길(라즈파트), 그 길을 직각으로 가로지르는 백성의 길(잔파트)을 중심으로 하는 기하학 패턴으로 구성되어 있다.

루티엔스는 크리스토퍼 렌(48쪽)과 함께 영국 건축사상 가장 중요한 건축가로 꼽히는 인물이다. 그는 20세가 되던 1889년에 런던에서 독립한 후 미술공예운동에 대한 관심이 뚜렷하게 드러나는 전원풍 주택을 여럿 건축했다. 그중에 지금도 판매되는 영국의 주간지 《컨트리 라이프》의 창립자를 위해 버크셔에 지은 디너리 가든이 유명하다. 이 주간지의 독자 중에는 미술공예운동 양식의 주택을 지지하는 사람이 압도적으로 많았는데, 그 때문인지 디너리 가든에는 이러한 경향을 엿볼 수 있다.

건축가로서의 루티엔스의 인생은 1912년에 큰 전기를 맞는다. 영국령 인도 제국의 수도 이전에 즈음하여 그 계획 위원회의 건축가로 선정된 것이다. 그것은 아마도 인도 총감을 역임한 리턴 백작의 딸이 그의 아내였기 때문일 것이다.

서양 고전주의와 인도풍 건축 요소의 융합

인도 대통령궁

인도 뉴델리, 1929년

전 인도 제국 총독의 관저이자 현재의 대통령궁이다. 서양의 고전주의를 기본으로 했지만 스투파를 떠올리게 하는 중앙 돔과 차트리풍의 탑, 담장 상부를 장식한 코끼리 조각 등 인도풍 건축 요소가 여기저기 보인다.

인도판 개선문

인디아 게이트

인도 델리, 1931년

루티엔스가 왕의 길 동쪽 끝에 설계한 문. 프랑스의 개선문을 본떠 제1차 세계대전에서 전사한 병사들을 추모하기 위한 기념탑으로 설계했다.

뉴델리의 도시 및 건물 설계가 완료된 때는 1931년으로 약 20년에 걸쳐 장대한 바로크 양식의 도시 계획이 실현되었다. 수목을 풍부하게 배치한 전원 도시 같은 면모를 보면 어쩐지 루티엔스답다는 생각이 들지만, 대통령궁이나 인디아 게이트를 보면 그의 작풍이 미술공예운동에서 고전주의로 바뀐 것을 알 수 있다. 결과적으로 뉴델리는 서양의 고전주의에 인도 특유의 건축 모티프와 재료가 절충된 절묘한 도시가 되었다.

Profile

Edwin Landseer Lutyens

1869년	영국에서 태어남
1885년~	사우스켄싱턴 미술학교에서 건축을 배움
1889년	런던에서 건축가로 독립
1902년	디너리 가든
1912년~	인도 뉴델리의 건축 계획에 참여함
1929년	인도 대통령궁
1931년	인디아 게이트
1938년~	왕립 아카데미 원장 역임
1944년	영국에서 사망

✎ 뉴델리의 '왕의 길'을 동쪽으로 연장하면 왕조 유적인 푸라나 킬라(Purana Qila)의 북서쪽 모퉁이가 나온다. 이처럼 루티엔스는 왕조의 유적을 교묘하게 연결하여 도시를 설계했다.

장식은 죄악이라고 선언한 실용주의 건축가

아돌프 로스

1870~1933년, 오스트리아

로스는 "장식은 죄악이다"라는 말을 통해 심미적인 장식을 비판하며, 실용적이고 순수하고 명료한 건축을 지향했다.

아돌프 로스는 현재 체코 동부의 도시인 브르노(Brno)에서 태어나 독일 드레스덴에서 건축을 배우고 미국으로 건너갔다. 거기서 3년간 지내며 시카고 세계박람회를 보고 미국식 합리주의를 접했다. 귀국 후에는 빈에서 점포 설계와 내장 디자인을 하면서 신문, 잡지에 논문을 발표하는 등 왕성한 활동으로 주목받았다.

오토 바그너(84쪽)의 실용주의의 영향을 받았던 로스는 당시 빈의 거리를 메웠던 심미적인 장식을 비판하고 "장식은 죄악이다"라고 선언했다. 이 도발적인 공격의 화살은 바그너가 직접 가르친 제자이면서도 그 가르침을 잊고 장식에 치우쳤던 빈 분리파를 겨냥하고 있었다. 그러나 로스는 장식 자체를 부정한 것은 아니다. 오히려 그는 생활과 거리가 먼 장식을 철저히 비판함으로써 실용과 연결된 새로운 표현과 장식을 지향했다.

죄악인 장식을 철저히 없앤 화제작

로스 하우스

📍 오스트리아 빈, 1911년

빈 구시가의 미하엘 광장에 위치한 건물. 상층은 집합주택, 하층은 상업 시설로 계획되었다. 상층은 장식을 철저히 배제하여 처마조차 달지 않아서 '눈썹 없는 건물'이라는 조롱을 받은 반면, 하층은 도리스식 원주에 유리 쇼윈도를 끼우는 등 상업 공간으로서의 연출이 가미되었다.

3차원적으로 설계된 집

뮐러 저택

📍 체코 프라하, 1930년

'라움 플랜'으로 설계된 대표적 주택. 흰색의 네모난 외벽에 노란 창틀뿐인 극히 단순한 외관과는 대조적으로, 내부에서는 높낮이차가 있는 공간이 복잡하게 얽혀 다양한 구조를 만들어낸다. 라움 플랜은 모든 방을 3차원적으로 배치하는 효율적인 설계 기법을 말한다.

로스의 이런 사상은 후에 '라움 플랜(Raum Plan)'으로 불리는 독자적 설계 기법으로 결실을 맺었다(라움을 독일어로 '공간'이라는 뜻). 이는 건물을 2차원적 형식이 아닌 3차원적 공간으로 이해하고 생활 방식에 따라 공간을 수평·수직으로 나눔으로써 다양한 주택 구조를 설계하는 기법을 의미한다.

Profile

Adolf Loos

1870년	체코 모라비아의 브르노에서 석공의 아들로 태어남
1890~1893년	드레스덴 공과대학에서 공부
1893~1896년	미국으로 가서 미국 근대 건축과 시카고파의 혁신적인 건축을 접함
1906년	건축 자유파 설립
1908년	『장식과 죄악』 출간
1910년	슈타이너 저택
1911년	로스 하우스
1922년	프랑스로 이주
1928년	오스트리아로 귀국
1930년	뮐러 저택
1933년	빈에서 사망

철근 콘크리트로 건축을 해방하려 한 건축가

에리히 멘델존

1887~1953년, 동프로이센 → 미국

아인슈타인 탑에는 태양광을 지하까지 끌어들이기 위한 L자형 평면이 필요했다. 멘델존은 여기에 유선의 형태를 부여하여 표현주의의 걸작을 만들어냈다.

에리히 멘델존은 동프로이센 태생의 유대인 건축가로 뮌헨 대학에서 경제학을 배우고, 뮌헨 공과대학에서 건축가 브루노 타우트(Bruno Taut)의 스승이기도 한 테오도어 피셔(Theodor Fischer) 교수에게 건축을 배웠다. 졸업 후에 설계 사무소를 열었지만 제1차 세계대전으로 징집되어 1920년대가 되어서야 제대로 된 작품을 만들기 시작했다. 그러나 1930년대에 나치스의 박해를 피해 영국으로 건너갔고, 이후 미국 샌프란시스코로 이주하여 1945년에야 사무소를 열고 설계 활동을 재개했다.

멘델존의 첫 작품인 아인슈타인 탑은 표현주의의 대표작으로 꼽힌다. 이전의 아르누보와 유겐트슈틸이 어디까지나 장식에 대한 자유의 표현이었다면 제1차 세계대전 전후 유럽에서 유행했던 표현주의는 건축 전체의 형태를 기존의 틀에

표현주의의 걸작

아인슈타인 탑

독일 포츠담, 1924년

물리학자 알베르트 아인슈타인의 상대성 이론을 실증하기 위한 실험 시설. 장식은 철저히 배제되었고 건물 자체에 곡선의 조형성이 부여되었다. 처음에는 철근 콘크리트조로 만들 예정이었지만 기술 문제로 벽돌이 사용되었다.

표현주의에서 근대 건축으로

쇼켄 백화점

독일 켐니츠, 1930년

유대인 소유주인 쇼켄 형제가 멘델존에게 설계를 의뢰한 백화점. 뉘른베르크와 슈투트가르트에도 지점이 있었지만 현재 남아 있는 것은 켐니츠 지점뿐이다. 곡선을 그리는 파사드가 표현주의적이기는 하지만 엄밀히 보면 근대 건축에 가깝다.

서 해방하는 것을 목적으로 했다. 멘델존은 그중에서도 당시 새로 보급되었던 철근 콘크리트조의 조형성에 착안하여, 전쟁 중에 그려서 모아두었던 소묘를 기초로 자유로운 형태의 작품을 구현했다.

Profile

Erich Mendelsohn

1887년	동프로이센에서 태어남
1912년	뮌헨 공과대학에서 건축을 배우고 졸업 후 사무소를 엶
1914~1918년	제1차 세계대전에 참전
1921년	루켄발데 모자 공장
1924년	아인슈타인 탑
1926년	사진집 『아메리카』 출간
1927년	페테르스도르프 백화점, 쇼켄 백화점(슈투트가르트)
1930년	쇼켄 백화점(켐니츠)
1933년	영국으로 망명, 세르지 체르마예프와 함께 설계 활동을 함
1941년	미국으로 이주
1945년	샌프란시스코에 사무소를 엶
1953년	샌프란시스코에서 사망

멘델존은 제1차 세계대전 중에 그려둔 소묘를 본가로 보낼 편지 속에 숨겨서 가지고 돌아왔다고 한다.

뉴욕의 마천루로 아르데코의 걸작을 완성한 건축가

윌리엄 밴 앨런

1883~1954년, 미국

뉴욕 하늘을 물들인 아르데코의 대표작

크라이슬러 빌딩

미국 뉴욕, 1930년

미국의 자동차 회사 크라이슬러의 사옥이다. 겹쳐진 원호 및 삼각형으로 이루어진 스테인리스 첨탑, 자동차 라디에이터 캡을 본뜬 장식 등, 입구와 내장까지 세련된 아르데코 장식으로 채워져 있다.

미국 브루클린 태생의 윌리엄 밴 앨런(William Van Alen)은 아르데코 건축의 걸작인 크라이슬러 빌딩을 설계한 것으로 유명한 건축가다. 당시 뉴욕에서는 초고층 건물이 경쟁적으로 건설되고 있었다. 그중에서 크라이슬러 빌딩은 이듬해에 완성된 윌리엄 램(William F. Lamb)의 엠파이어스테이트 빌딩과 함께 뉴욕을 상징하는 아르데코 양식의 마천루로 손꼽힌다.

아르데코(art deco)는 1920~1930년대에 세계적으로 유행한 장식 표현으로, 특히 대중 소비 사회의 여명기였던 미국에서 크게 개화했다. 아르누보가 식물을 모티프로 한 곡선적·유기적 디자인의 작품을 만들어내는 데 집중된 반면, 아르데코는 공업 제품과 도시 생활을 모티프로 한 단순하고 기하학적인 표현으로 대중에게 널리 받아들여졌다.

앨런은 경쟁자를 따돌리기 위해 비밀리에 38m의 첨탑을 만들어두었다가 경쟁 건물이 완성된 후에 그것을 자신의 건물 꼭대기에 설치하여 경쟁자를 따돌렸다고 한다.

제6장

20세기의 건축가

—

발터 그로피우스
미스 반 데어 로에
르 코르뷔지에
게리트 토마스 리트벨트
콘스탄틴 멜니코프
리처드 버크민스터 풀러
알바 알토
루이스 칸
루이스 바라간
오스카 니마이어
이오 밍 페이
요른 웃손
로버트 벤추리
제임스 스털링

—

국제 양식의 초석을 만든 20세기의 거장

발터 그로피우스

1883~1969년, 독일 → 미국

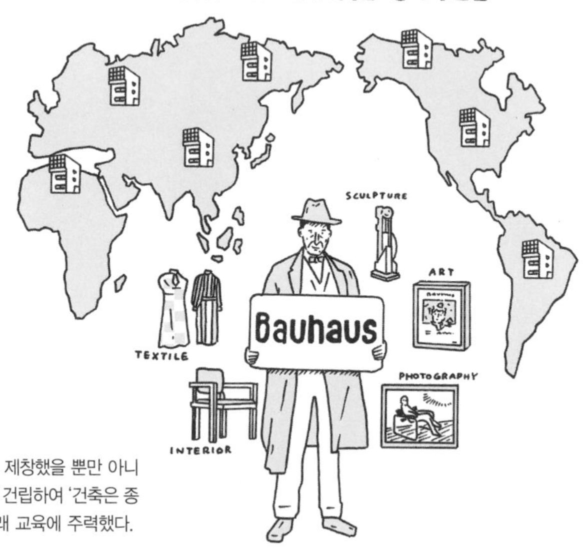

그로피우스는 국제 양식을 제창했을 뿐만 아니라 예술학교 바우하우스를 건립하여 '건축은 종합 예술이다'라는 이념 아래 교육에 주력했다.

발터 그로피우스는 근대 건축의 4대 거장 중 하나로 바우하우스의 창설자 겸 초대 교장으로도 잘 알려져 있다. 특히 그가 직접 설계한 데사우의 바우하우스 건물은 근대 건축의 기념비적 작품으로 평가받는다.

1883년 독일에서 태어난 그로피우스는 페터 베렌스의 사무소를 거쳐 1910년에 아돌프 마이어와 공동 사무소를 세웠다. 독립 직후 지은 파구스 구두 공장에서는 베렌스의 AEG 터빈 공장을 본떠 고전주의적 요소를 철저히 배제함으로써 근대적인 재료와 기술에 기초한 새로운 조형을 선보였다.

이러한 새로운 조형과 관련하여 처음으로 '국제 건축'의 개념을 내놓은 사람도 그로피우스였다. 국제 건축이란 시간과 자금 절약을 중시하는 공업 사회의 건축에 국경을 초월한 공통점이 있다는 사실을 간파한 개념으로, 나중에 필립 존슨

종합 예술을 배우는 학교

바우하우스 건축학교

📍 독일 데사우, 1925~1926년

바우하우스는 1925년에 바이마르의 건물을 폐쇄하고 데사우의 새로운 건물로 이전했다. 데사우의 실험 · 공방관은 커튼 월(하중을 지지하지 않는 칸막이용 바깥벽)에 'BAUHAUS'라는 인상적인 간판이 달려 있다. 이 건물 북쪽에 공학 교실관, 동쪽에는 아틀리에관이 있다. 추상적인 상자 모양의 조형 안에 다양한 기능이 대규모로 집약되어 있다.

AEG 터빈 공장의 영향을 받은

파구스 구두 공장

📍 독일 알펠트(Alfeld), 1911년

그로피우스가 독립한 후 처음 만든 작품. 페터 베렌스의 AEG 터빈 공장을 참고하여 신고전주의적 조형에서 완전히 탈피하는 데 성공했다. 커튼 월은 AEG 터빈 공장의 측면 유리벽을 본떴다. 잘 보면 기둥이 위로 갈수록 점차 가늘어지는데 이것도 AEG 터빈 공장과 비슷한 조형이다.

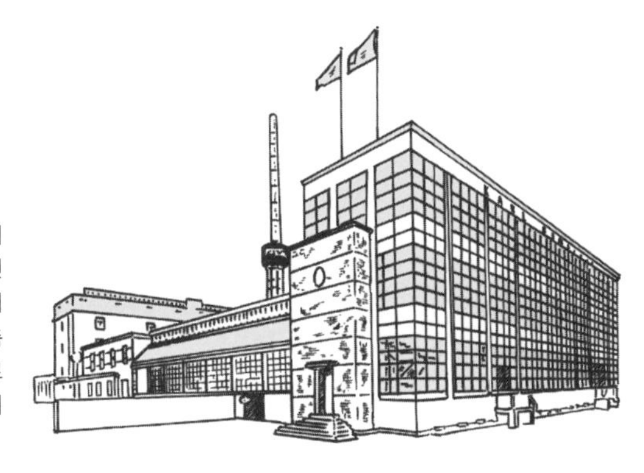

(Philip Johnson) 등에 의해 하나의 양식(국제 양식)으로 확립되었다.

그로피우스는 바우하우스에서 퇴직한 후 영국에 망명했다가 1937년에 미국으로 가서 하버드 대학 교수가 되었는데, 재직할 동안 이오 밍 페이(134쪽)와 필립 존슨을 키운 것으로 알려져 교육자로서도 높은 평가를 받고 있다. 그야말로 국제 양식의 초석을 다진 인물이라 할 수 있다.

Profile

Walter Gropius

1883년	독일 베를린에서 태어남
1903~1907년	뮌헨 공과대학, 베를린 공과대학에서 건축을 배움
1908~1910년	페터 베렌스의 사무소에 근무
1910년	아돌프 마이어와 사무소를 세움
1911년	파구스 구두 공장(아돌프 마이어와 공동 설계)
1919년	바우하우스 창립, 초대 학장으로 취임
1925년	바우하우스를 데사우로 이전
1925~1926년	바우하우스 건축학교(데사우)
1928년	바우하우스 초대 학장 사임(후임은 하네스 마이어)
1934년	영국으로 망명
1937년	미국 하버드 대학 대학원 건축학과 교수 · 학장을 맡음
1938년~	마르셀 브로이어와 공동으로 건축 사무소를 경영
1946년	건축가 공동체 TAC 설립
1969년	매사추세츠에서 사망

✎ 바우하우스(bauhaus)는 독일어로 '건축(bau)의 집(haus)'이라는 뜻이다.

모더니즘 건축을 한계까지 발전시킨 거장

미스 반 데어 로에

1886~1969년, 독일 → 미국

Less is more

적을수록 더 좋다는 미스의 명언은 모더니즘의 특징을 단적으로 말해준다.

근대 건축의 3대 거장 중 하나인 미스 반 데어 로에는 "적을수록 더 좋다", "신은 디테일에 있다" 등의 명언으로도 유명하다.

독일 태생의 그는 베렌스(100쪽)에게서 철과 유리 등 새로운 소재의 가능성을 배웠다. 또 네덜란드의 건축가 헨드릭 베를라허(Hendrik Petrus Berlage)가 벽돌을 다루는 모습에서 소재에 대한 솔직한 태도를 배웠으며, 베를린에서 열린 라이트(94쪽)의 전람회에서는 공간이 지닌 유동성에 충격을 받았다. 이런 다양한 가르침으로 사상을 확립한 미스는 독립 후 다섯 가지 계획안과 바르셀로나 파빌리온 등의 걸작을 만들어냈다. 그러나 나치스 때문에 발터 그로피우스에게 이어받

미스의 걸작

면의 조형이 만들어내는 유동성

바르셀로나 파빌리온

스페인 바르셀로나, 1929년(1986년에 복원)

1929년에 개최된 바르셀로나 세계박람회의 독일관. 근대주의 건축의 걸작 중 하나다. 트래버틴 대리석 기단에 크롬 합금의 십자형 기둥 여덟 개를 세워 한 장으로 된 철근 콘크리트 지붕 슬래브를 지탱하는 구조다. 천장까지 꽉 채워진 유리로 커다란 기단 위에 유동적이고 다양한 공간을 구성했다.

조형에서 해방된 원룸 주택

판스워스 하우스

미국 일리노이, 1951년

일리노이주 포크스 강변의 광대한 부지에 지어진 어느 의사의 주말 별장이다. 바닥과 지붕 슬래브 주위에 홈형강(디귿 모양의 구조용 강재)을 두르고 여덟 개의 기둥을 바깥쪽에서 용접하여 고정했으며, 유리창 틀은 홈형강에 직접 용접했다. 내부는 구조에서 해방된 칸막이 없는 원룸이다.

은 바우하우스를 폐쇄한 후 활동 장소를 미국으로 옮기게 되었다.

그 후 미스는 미국의 발전된 건설 기술을 배경 삼아 새로운 소재의 가능성을 본격적으로 탐구하기 시작했다. 그 답은 내부 공간을 구조로부터 해방하여 다양한 기능을 허용하는 '보편적 공간(universal space)'의 개념, 그리고 작품의 파사드에 드러난 극히 단순한 세부 양식에서 찾아볼 수 있다. 시그램 빌딩이나 판스워스 하우스야말로 그런 특징을 잘 보여주는 작품으로, 그의 명언을 체현했다고 할 수 있다.

프리츠커상 초대 수상자 필립 존슨은 미스의 판스워스 하우스에서 영감을 얻어 자신의 대표작인 글라스 하우스(1949년)를 설계했다고 한다. 착공은 판스워스 하우스가 빨랐지만 비용 초과 등의 이유로 시공주와 소송이 발생하여 공사 기간이 늦춰진 탓에 필립 존슨의 글라스 하우스가 먼저 준공되었다.

미스의 대표작

바이센호프 지들룽

📍 독일 슈투트가르트, 1927년

1926년에 독일공작연맹 부회장으로 취임한 후 미스가 주도한 집합주택 건축전. 르 코르뷔지에와 그로피우스 등 당시의 저명한 건축가 열일곱 명이 참여했다. 미스는 가동 칸막이를 활용한 자유로운 평면으로 생활의 다양성에 부응할 수 있는 철골조의 4층 아파트를 선보였다.

일리노이 공과대학 크라운 홀

📍 미국 일리노이, 1956년

일리노이 공과대학 건축과 건물. 1층 바닥을 지상에서 1.8m 정도 높여 반지하의 공작실까지 자연광이 들어가도록 했다. 판스워스 저택이 연상되는 구조다.

투겐타트 하우스

📍 체코 브르노, 1930년

브르노 시가가 내려다보이는 언덕 위에 실업가인 투겐타트를 위해 지은 주택. 칸막이가 전혀 없는 구조다. 근대 건축의 5원칙 중 자유로운 평면을 한 단계 발전시켰다는 평가를 받는다.

시그램 빌딩

📍 미국 맨해튼, 1958년

뉴욕 시내에 있으면서도 부지 바로 앞에 광장을 확보한 40층 건물. 시각 효과와 내구성을 위해 외장재로 청동을 선택했다.

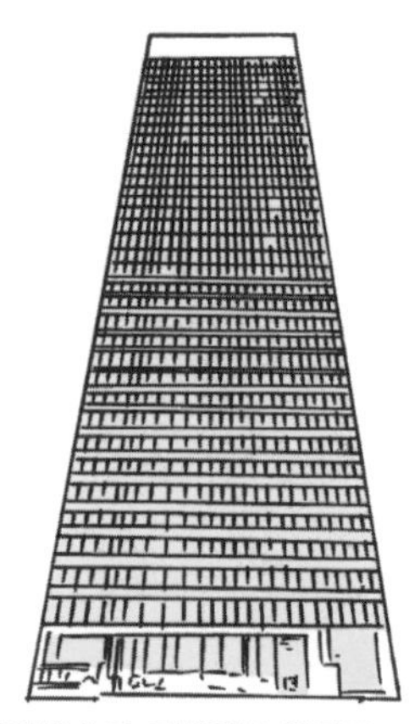

레이크쇼어 드라이브 아파트

📍 미국 일리노이, 1951년

지하 2층, 지상 26층의 아파트. 1921년에 발표한 마천루 계획안이 여기서 비로소 실현되었다.

미스의 초기 계획안

철과 유리의 마천루 계획

1920~1921년

제1차 세계대전에 참전한 미스는 1919년에 귀환한 후 다섯 개의 계획안을 발표했다. 일그러진 오각형 부지에 계획된 사무용 건물 설계안은 복잡하게 구부러진 두 장의 유리가 건물 전체를 둘러싼 형태를 띤다. 여기서 미스는 유리의 굴곡을 활용한 새로운 표현의 가능성을 보여주었다.

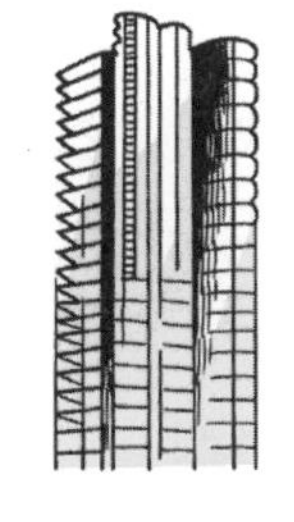

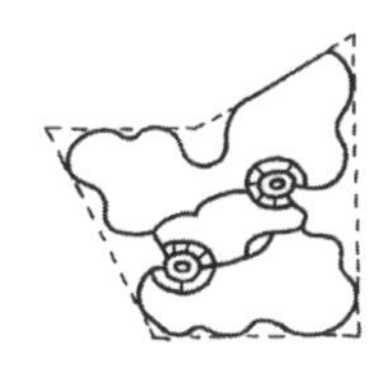

철근 콘크리트조 사무소 계획

1923년

다섯 개의 계획안 중 하나. 사용 편의성을 고려하여 구조재의 간격을 정하고 외팔보(한쪽 끝만 고정되어 있는 들보)를 이용하여 파사드를 구조에서 해방했다. 들보 끝을 요벽으로 지탱하여 수평으로 연속된 창을 만들었다.

벽돌조 전원주택 계획

1924년

미스가 베를린에서 개최된 라이트의 전시회를 본 것은 1910년, 근대 건축 운동 잡지 《G》를 만든 것은 1923년이었다. 이러한 경험으로 형성된 미스의 사상이 이 계획에 반영되었으며, 그 최종 성과는 바르셀로나 파빌리온으로 이어졌다.

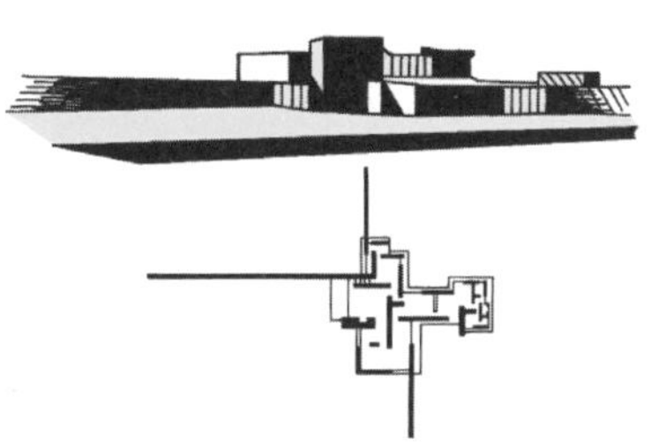

Profile

Ludwig Mies van der Rohe

1886년	독일 아헨에서 석공의 아들로 태어남
1905년	베를린으로 이주하여 브루노 파울 사무소 근무
1908년	페터 베렌스 사무소 근무
1912년	베를린에서 사무소를 엶
1915년	제1차 세계대전에 참전하여 설계 활동 중단
1924년	독일공작연맹 가입
1927년	바이센호프 지들룽 전시회
1929년	바르셀로나 파빌리온
1930년	바우하우스 3대 교장 취임
1933년	나치스가 바우하우스를 폐교함
1938년	미국 시카고로 망명, 아머 공과대학 주임 교수 취임
1947년	MoMA에서 미스 반 데어 로에 전시회 개최
1951년	판스워스 하우스
1956년	일리노이 공과대학 크라운 홀
1958년	시그램 빌딩
1969년	시카고에서 사망

미스 반 데어 로에 관계도

프랭크 로이드 라이트
교류
발터 그로피우스
친교
브루노 파울
일시 근무
페터 베렌스
일시 근무
친교
르 코르뷔지에
공동 설계자
릴리 라이히
영향
로버트 벤추리

모더니즘의 대명사가 된 20세기 최고의 건축가

르 코르뷔지에

1887~1965년, 스위스 → 프랑스

르 코르뷔지에가 제창한 근대 건축의 5원칙은 필로티, 옥상 정원(첫 번째 줄 그림), 수평 연속 창(두 번째 줄 그림), 자유로운 입면·평면(세 번째 줄 그림)이다. 도미노 시스템(오른쪽)은 그가 근대 건축의 5원칙을 확립하기 이전에 새로운 재료인 콘크리트의 가능성을 추구하기 위해 고안한 구조다.

요제프 호프만, 토니 가르니에, 오귀스트 페레, 페터 베렌스 등, 유명한 건축가들 밑에서 경험을 쌓은 르 코르뷔지에는 20대에 '도미노 시스템'을 고안하여 모더니즘의 기본 원리를 제창했다. 30대에 확립한 '근대 건축의 5원칙'은 모더니즘 건축의 조건으로 인식되기에 이르렀고, "주택은 살기 위한 기계다"라는 명언 또한 유명한 저서 『건축을 향하여』와 함께 르 코르뷔지에의 이름을 전 세계에 퍼뜨렸다. 이 시기의 그의 작풍은 '백색 시대'라는 말이 어울릴 만큼 하나같이 하얗고 경쾌한 아름다움을 보여준다. 그중에서도 사보아 저택은 그 조건을 가장 잘 표현한 작품이다.

'도미노'는 '집(domus)'이라는 라틴어와 '혁신(Innovation)'이라는 프랑스어를 합친 조어다.

백색 시대

근대 건축의 5원칙을 체현한 명작

사보아 저택

프랑스 푸아시(Poissy), 1931년

한 변이 5m인 정사각형 네 개를 4열로 하여 이루어진 평면으로, 앞뒤 두 면은 벽과 창이 1m씩 돌출되어 창을 수평으로 늘어세우고 구조에서 분리된 파사드를 만들 수 있었다. 1층은 필로티이며, 3층은 실내의 방과 옥외 테라스의 벽이 호를 그린다. 2층 일부 테라스는 3층 테라스와 슬로프로 이어져 입체감 있는 옥외 공간을 형성한다.

모더니즘 건축가들의 집합주택 전시회

바이센호프 지들룽

독일 슈투트가르트, 1927년

르 코르뷔지에를 비롯한 저명한 건축가들이 모여 만든 집합주택 단지. 이 계획을 주도한 미스는 우선 르 코르뷔지에를 불러 부지를 고르게 했다. 그리고 그의 결정에 "그 녀석이 가장 좋은 곳을 골랐어. 확실히 보는 눈이 있어"라고 말했다고 한다. 르 코르뷔지에는 두 동을 설계했는데, 거기서도 역시 근대 건축의 5원칙을 관철했다.

그러나 제2차 세계대전 후 르 코르뷔지에의 작풍은 나무와 돌을 주로 사용하는 비형식적인 건축 양식인 '브루탈리즘(brutalism)'으로 바뀌었다. 그 경향은 1930년대부터 슬슬 나타나고 있었지만 전쟁 후에 한층 두드러지면서 많은 걸작을 만들어냈다. 일본 도쿄의 국립 서양 미술관도 이 시기의 작품 중 하나다.

또 그는 일찍부터 '300만 명을 위한 현대 도시' 등 도시 계획이나 제네바의 '국제 연맹' 같은 단지 설계를 다수 제안했다. 완성된 것은 찬디가르(인도 펀자브주의 공동 주도이자 연방 직할지) 등 일부에 불과했지만, 그 기법은 세계 각국에 추종자를 양산했다.

르 코르뷔지에의 트레이드마크는 나비넥타이, 검고 둥근 뿔테 안경, 파이프 담배였다.

르 코르뷔지에의 브루탈리즘 건물

거북이 등껍질을 본뜬 브루탈리즘 작품

롱샹 성당

프랑스 롱샹, 1955년

순례지인 롱샹에 있는 예배당. 원래 있던 예배당이 제2차 세계대전으로 파괴되자 르 코르뷔지에에게 재건 의뢰가 들어왔다. 등딱지 모양을 한 커다란 콘크리트 셸(구조물의 크기에 비해 매우 얇은 재료로 만들어지는 곡면판 형태의 구조) 지붕과 작은 창을 많이 낸 중후하고 거친 벽면이 특징이다. 르 코르뷔지에의 브루탈리즘을 상징하는 작품.

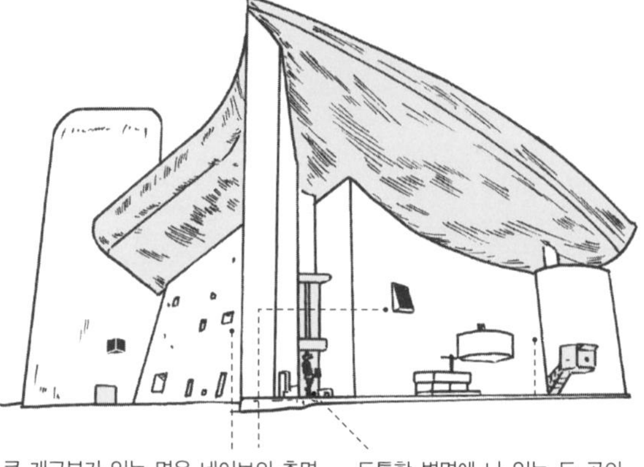

큰 개구부가 있는 면은 네이브의 측면을 밝게 비추고, 작은 개구부가 있는 면은 제단 뒤쪽에 별을 뿌려 놓은 듯한 장면을 연출한다.

두툼한 벽면에 나 있는 두 곳의 틈새가 출입구다. 벽은 미장재로 희고 거칠게 마감되어 있다.

르 토로네 수도원에서 착상한 근대 수도원

라 투레트 수도원

프랑스 리옹, 1957년

한 변이 교회, 세 변이 수도원인 사각형 평면을 기본으로, 예배당과 대회랑을 만들고 중정을 입체적으로 구성했다. 건물이 경사진 곳에 위치하고 있어서 자연스럽게 필로티가 생겨났다. 외관은 중세 교회처럼 간소해 보이지만 내부는 채색된 천창과 격자창 등을 투과한 역동적인 빛으로 다채로운 표정을 보여준다.

'모듈러 하우스'로 유명한 거친 인상의 건물

유니테 다비타시옹

프랑스 마르세유, 1952년

이 아파트 앞에는 인체 형태를 본뜬 모듈러상이 있다. '모듈러'란 인체 사이즈를 분할하여 얻은 비례 척도를 말하는데, 예를 들면 손을 들었을 때의 높이를 천장의 최저 높이로 설정하는 식이다. 필로티의 기둥은 개의 뼈를 본뜬 조형과 노출 콘크리트를 사용하여 거친 인상을 준다. 전쟁 이후 완전히 달라진 르 코르뷔지에의 작풍을 엿볼 수 있다.

세계의 르 코르뷔지에 작품

찬디가르 국회의사당

📍 인도 펀자브, 1952년

찬디가르 북부에 조성된 관청가의 건물. 르 코르뷔지에가 의사당과 재판소, 정부 청사를 설계했다.

방직자협회 회관

📍 인도 아마다바드, 1956년

파사드를 뒤덮은 브리즈 솔레이유(일광 차단벽)로 유명한 작품. 입구의 커다란 경사로도 인상적이다.

카프 마르탱 오두막

📍 프랑스 코트다쥐르, 1952년

니스의 휴양지 카프 마르탱에 지은 르 코르뷔지에 부부의 별장. 한 변이 약 3.6m밖에 안 되는 정사각형의 집이다. 그가 해수욕을 하다가 사망한 장소로, 목재에 대한 흥미를 유발하는 작품이다.

작은 집(어머니의 집)

📍 스위스 코르소 베비(Corseaux Vevey), 1923년

레만 호수 부근에 양친을 위해 지은 집. 수평 연속 창을 활용하여 호수 풍경을 집 안으로 끌어들이고 옥상에는 정원을 만들었다.

Profile

Le Corbusier

1887년	스위스의 라쇼드퐁에서 시계공의 아들로 태어남
1900년	지역 미술학교에 입학. 교사인 샤를 레플라토니에의 권유로 건축가가 되기로 함
1908년	프랑스 파리로 건너가 오귀스트 페레의 사무소에서 근무
1910년	독일 베를린으로 가 페터 베렌스의 사무소에서 근무
1911년	지중해 동쪽을 향해 여행을 떠남
1920년	잡지 《에스프리 누보》를 창간. 필명으로 '르 코르뷔지에'를 쓰기 시작함
1923년	『건축을 향하여』 출간
1931년	사보아 저택
1932년	파리 대학의 스위스 학생회관
1951년	찬디가르의 건축 고문으로 취임
1955년	롱샹 성당
1965년	프랑스의 카프 마르탱에서 해수욕을 하다가 심장 발작으로 사망

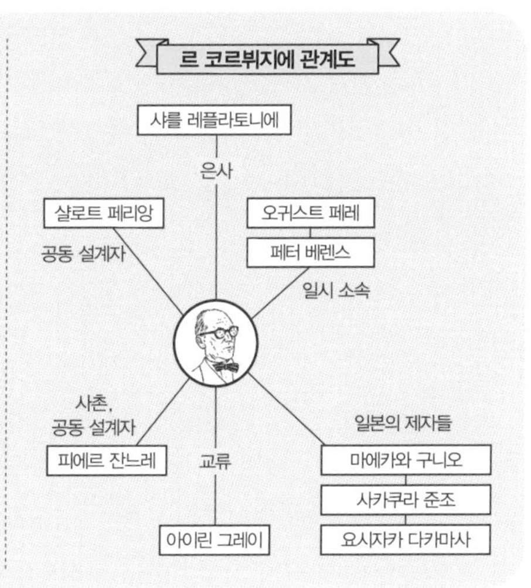

✎ 본명은 샤를 에두아르 잔느레. '르 코르뷔지에'라는 필명은 어머니의 먼 친척의 성에 정관사 'le'를 붙여 지은 것이다.

데슈틸에서 기능주의까지 다양한 면모를 보여준

게리트 토마스 리트벨트

1888~1964년, 네덜란드

리트벨트의 레드블루 의자와 슈뢰더 저택은 몬드리안 추상화의 입체판이라고 할 만큼 데슈틸의 이념을 잘 표현한 작품이다.

리트벨트는 근대를 대표하는 건축가이자 가구 디자이너다. 레드블루 의자와 건축가로서 처음으로 만든 슈뢰더 저택은 '데슈틸(De Stijl)'의 상징적인 작품으로 유명하다. 데슈틸이란 그 자신도 참여했던 네덜란드 디자인 운동으로, 화가인 몬드리안이 주장한 '신조형주의'를 기반으로 한다. 면이 돋보이는 조형과 삼원색이 선명한 슈뢰더 저택은 그야말로 몬드리안의 신조형주의 자체라고 할 수 있다.

그 외의 작품은 그다지 유명하지 않지만 그는 주택만 100채 가까이 건축했다. 단, 슈뢰더 저택 이후에는 유리를 주로 쓴 상자 모양의 조형이 대부분이었다. 그 배경에는 1925년에 시작되었고 그도 참여했던 신즉물주의 운동※이 있었던 것으로 보인다. 리트벨트는 생활의 기능적인 측면에 집중한 조형을 추구하면서 기능주의로 차차 전향했다. 조형의 대상은 물건에서 공간으로 변화하였고, 표준화

※ 20세기 독일에서 일어난 반표현주의적인 전위 예술 운동 – 옮긴이

데슈틸의 상징

슈뢰더 저택

네덜란드 유트레히트, 1924년

슈뢰더 부인과 세 자녀를 위한 집으로, 데슈틸의 상징적 작품이다. 준공 이듬해부터 1933년까지는 리트벨트가 1층을 사무실로 사용했다. 데슈틸 특유의 색채로 채워진 각 면이 제각각 독립성을 유지하며 배치되어 있다.

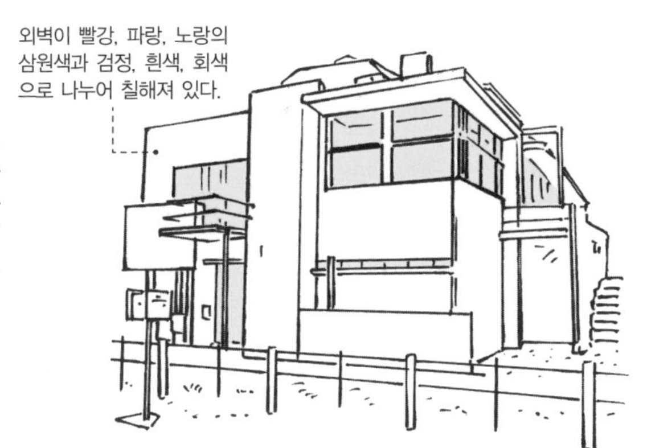

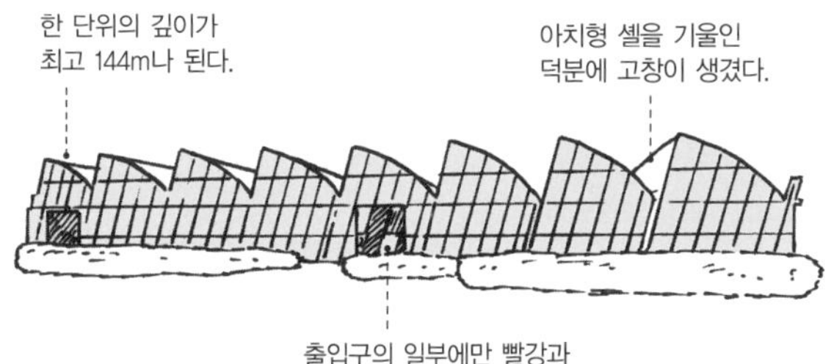

기능주의에 동반된 추상 회화의 색채

베르헤아이크 직물 공장

네덜란드 베르헤아이크(Bergeijk), 1956~1958년

유명한 직물 브랜드의 공장. 8×24m를 한 단위로 한 철근 콘크리트 프레임에 둥근 아치형 셸이 올라가 있다. 하나하나 비스듬하게 기울여 채광을 확보하는 동시에 삭막해지기 쉬운 공장 건물에 역동성을 부여했다. 벽면도 그 각도에 맞추어 분할되었고, 출입구 창호 디자인에도 동일한 각도가 반영되었다.

와 저비용화 등에 대한 도전도 이어졌다.

그러나 그 작품들에서도 면과 선이 돋보이는 조형이 완전히 사라진 것은 아니었다. 그가 만든 모든 공간에는 어딘가 추상화 같은 색채가 곁들여졌다. 슈뢰더 저택 이후의 그의 성과는 기능주의의 기반에 데슈틸의 표현을 융합한 것이라고 말할 수 있다.

Profile

Gerrit Thomas Rietveld

1888년	네덜란드 유트레히트에서 가구 기술자의 아들로 태어남
1900년~	아버지의 가구 공방에서 견습공으로 일함
1904~1908년	유트레히트 미술학교 야간반에서 건축을 배움
1917년	가구 디자이너로 독립
1918년	레드블루 의자의 원형을 제작
1919~1931년	데슈틸에 참여
1924년	슈뢰더 저택
1928년	CIAM(근대건축국제회의) 제1회에 네덜란드 대표로 참여
1944~1955년	암스테르담, 로테르담 등에서 교편을 잡음
1954년	베네치아 국제미술전 네덜란드관
1956~1958년	베르헤아이크 직물 공장
1964년	유트레히트에서 사망

✎ 레드블루 의자는 처음부터 대량 생산을 전제하여 규격 사이즈의 목재로 조립하도록 구성되었다.

시대에 희롱당한 예술적 독자성

콘스탄틴 멜니코프

1890~1974년, 러시아

러시아 아방가르드파의 일원으로 분류되는 멜니코프는 육각형, 확성기, 새장, 프로젝터 등 다양한 모티프를 건축에 응용했지만 한번 사용한 모티프는 결코 다시 쓰지 않았다.

콘스탄틴 멜니코프는 1920년대에 소련에서 활약한 건축가로, 그의 작풍은 화가인 말레비치와 칸딘스키로 대표되는 '러시아 아방가르드(전위 예술)'에 속한다. 단, 멜니코프 본인은 전위 예술가로 취급되는 것을 싫어해서 아방가르드 운동에 참여하지 않았다. 따라서 소련 건축계에서는 한 마리 외로운 늑대 같은 존재였으며, 작풍 역시 특정 양식으로 분류하기 어렵다.

이것은 멜니코프의 건축가로서의 신념과 관련이 있다. 그는 건축의 예술적 독자성을 특히 중시하여 자신의 설계에서조차 반복을 꺼렸다. 그래서 대부분의 작품이 기하학을 기본으로 하는데도 저마다 새로운 조합과 공간이 고안되었다. 그것을 가장 잘 보여주는 사례가 1927년부터 계획된 일곱 개의 노동자 클럽으로, 기능이 비슷한데도 디자인이 전부 다르다. 역동적이고 강력한 인상만 공통점일 뿐이다.

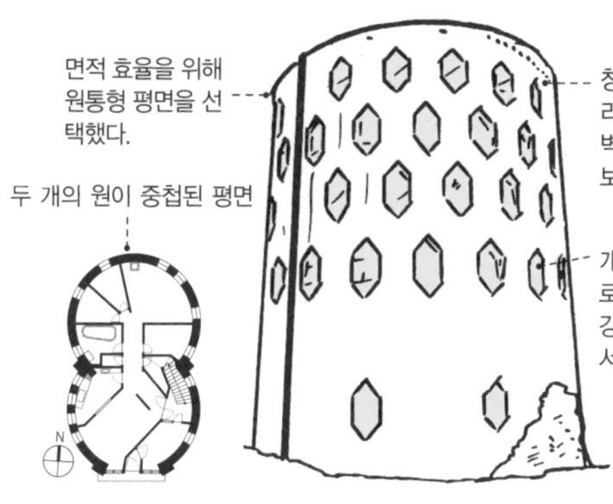

창은 전부 이중 유리로, 두꺼운 벽돌 벽의 존재감이 돋보인다.

개구부를 육각형으로 만든 것은 건물의 강도를 높이기 위해서였다고 한다.

원통형 건물에 육각형 창을 낸 독창적인 자택

멜니코프 하우스

러시아 모스크바, 1929년

높이가 다른 원통을 두 개 겹친 평면 위에 벽돌을 쌓아 만든 멜니코프의 3층짜리 자택. 건물의 정면은 원통을 크게 잘라낸 다음 통유리를 끼워 완성했다. 개구부는 총 200개지만 그중 60개만 창문으로 만들고 나머지는 벽으로 메웠다. 따라서 수리할 때 창 위치를 쉽게 바꿀 수 있다는 장점이 있다.

예술적 독자성이 돋보이는

루사코프 클럽(루사코프 문화의 집)

러시아 모스크바, 1927~1929년

1926년, 소련 정부가 노동자 클럽을 건설하라는 명령을 내리자 1927년부터 1928년에 걸쳐 건설 러시가 일어났다. 멜니코프가 총 일곱 건의 의뢰를 받은 것도 그때였다. 그 일곱 건 중 가장 유명한 작품이 이 루사코프 클럽이다.

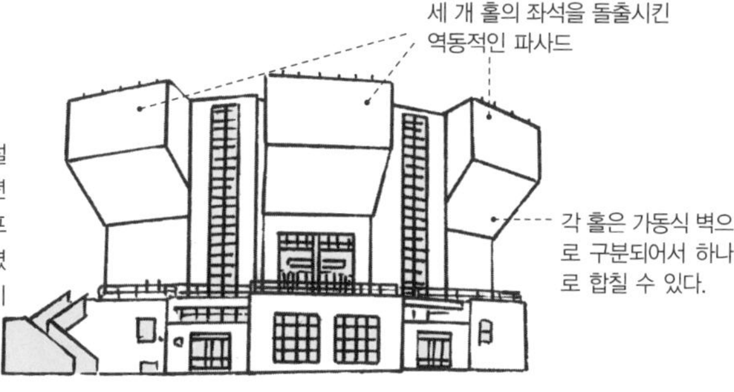

한편 1930년대 들어 소련 당국의 압박이 심해지자 전위 예술가들은 곤경에 처한다. 멜니코프 역시 작품의 개인주의적 경향을 비판받아 1937년부터 건축가로 활동하지 못하게 되었다. 1965년 개인전으로 명예를 회복했을 때는 이미 70세가 넘었으니, 건축가로서 활약한 기간은 겨우 십여 년에 불과했다.

Profile

Konstantin Stepanovich Melnikov

1890년	모스크바 교외의 노동자 가정에서 태어남
1903년~	모스크바의 실업가 블라디미르 채플린에게 재능을 인정받아 후원을 받음
1905년	모스크바 회화조각 건축학교 회화과에 입학
1914년	회화과를 졸업, 같은 학교 건축과에 진학
1920년~	건축 사무소 근무를 거쳐 브후테마스(모스크바 고등예술 기술공방)에 연구실를 엶
1927~1929년	루사코프 클럽
1929년	멜니코프 하우스
1933~1937년	모스크바 제7도시 건축 설계실 주임 건축사
1960년대	모스크바 구조기술 대학 통신 코스에서 교편을 잡음
1965년	모스크바 건축가 회관에서 첫 개인전 개최
1972년	소련 명예 건축가로 선정
1974년	모스크바에서 사망

✎ 멜니코프가 설계한 파리 세계박람회 소련관의 인테리어 설계에는 국영 출판소 레닌그라드 지국의 포스터 등 러시아 아방가르드 양식의 홍보물을 제작한 화가 알렉산드르 로드첸코(Alexantor Rodchenko)도 참여하였다.

성능과 효율을 추구한 건축의 이단아

리처드 버크민스터 풀러

1895~1983년, 미국

지오데식 돔(아래)은 최소의 자원으로 최대의 성과를 추구하는 풀러의 사상을 구현한 작품이다. 위의 텐세그리티(장력구조법)는 당기는 힘과 압축하는 힘을 이용하여 균형을 유지하는 구조로, 풀러가 최초로 제시하였다.

전 세계에서 몇만 채나 만들어진 지오데식 돔은 구조와 공간이 가장 직접적으로 연결된 건축 사례로, 원하는 공간을 최소한의 구조로 만들어낼 수 있는 시스템이다. 그래서 근대 건축 교육에서도 실습 사례로 자주 등장한다.

이 돔을 발명한 리처드 버크민스터 풀러는 미국 출신의 발명가, 수학자, 실업가이자 건축가다. 그는 하버드 대학을 중퇴한 후 장인과 공동으로 건축 자재 제조·건설사를 설립하였으며 그때부터 건축에 발을 들여 산업 공정을 익히는 동시에 최소의 자원으로 최대의 성과를 거둔다는 원칙을 세웠다. 이것은 미스(112쪽)의 적을수록 더 좋다는 생각과도 비슷하다. 그러다 회사에서 쫓겨난 1927년 이후에는 주택을 통째로 대량 생산하겠다는 생각으로 '다이맥시언'이라는 주택 모델을 개발했다. 풀러는 주택을 생활을 위한 기계로 생각했다. 르 코르뷔지에

생활을 위한 기계

다이맥시언 하우스, 다이맥시언 카

📍 미국, 1927~1929년(주택), 1932~1935년(자동차)

건축가로서의 첫 작품이었던 대량 생산 주택 모델. 당시의 대량 생산 주택과 달리 생활 설비까지 완비되어 있었다. 그 후 곡물 창고를 개량한 원통형 모델(그레인 빈 하우스)이나 항공기 산업 기술을 이용한 모델(위치타 하우스) 등을 만들었으나 대량 생산에는 이르지 못했다.

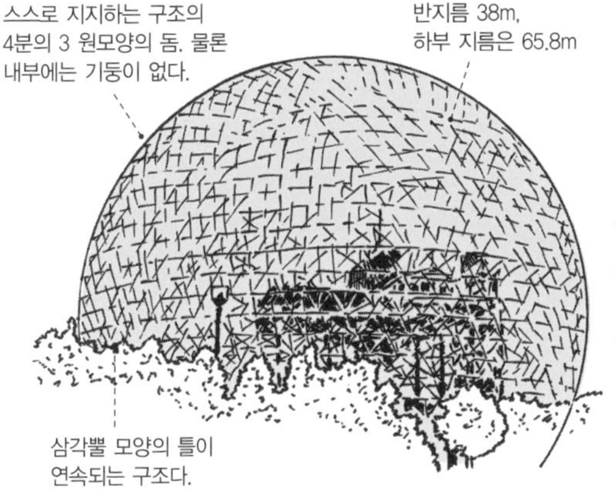

최소의 부재로 최대의 공간을

몬트리올 세계박람회 미국관

📍 캐나다 몬트리올, 1967년

풀러가 1945년부터 1949년 사이에 개발한 구조 시스템인 지오데식 돔이 쓰였다. 이 돔은 큰 성공을 거두어 수많은 복제 돔이 연달아 건설되었다. 최소한의 구조로 최대한의 강도를 내는 시스템을 계속 실험한 결과 얻게 된 작품이다.

(116쪽)가 주택을 살기 위한 기계로 묘사했던 것과 놀라울 만큼 비슷하다.

이처럼 풀러의 사상은 미스나 르 코르뷔지에 등 모더니즘 건축가들과 비슷했지만 작품은 누구의 것과도 닮지 않았다. 그것은 풀러가 그들과는 달리 미학보다 효율과 성능을 우선했기 때문일 것이다.

Profile

Richard Buckminster Fuller

1895년	미국 매사추세츠주에서 태어남
1915년	하버드 대학 중퇴
1918년	해군병 학교에 입학
1922년~	경량 건축 자재를 제조하는 등 이 무렵부터 건설업에 종사
1927년	시카고로 거점을 옮겨 다이맥시언 하우스를 발표
1952년	미국건축가협회 뉴욕 지부의 미국건축가협회상 수상
1959년	미국건축가협회 명예 회원으로 선정
1967년	몬트리올 세계박람회 미국관
1983년	로스앤젤레스에서 사망

✎ 다이맥시언(Dymaxion)이란 역동(dynamism), 최대(maximum), 긴장(tension)을 합친 조어로, 풀러의 대명사처럼 쓰인다.

근대주의 건축에 온기를 불어넣은 핀란드의 건축가

알바 알토

1898~1976년, 핀란드

알토는 비푸리 도서관(현재 러시아 비보르크에 있다)의 강당 천장을 물결치는 나무로 마감하여, 콘크리트를 쓰지 않아도 감각적인 조형이 가능할 뿐만 아니라 공간을 더 따스히 보이게 디자인할 수 있다는 사실을 증명했다. 알토는 다양한 의자를 디자인한 작가로서도 유명하다.

특유의 질감을 지닌 나무, 벽돌, 동판은 물론, 종종 파도처럼 물결치는 면 등으로 따스하면서도 약간 내향적인 작품들을 남긴 알바 알토는 핀란드의 지역적 특성에 기초하여 근대 건축에 하나의 새로운 방향을 제시한 건축가다.

1923년에 건축가로 독립했을 때 그는 당시 유행했던 신고전주의에 가까운 작품을 만들었다. 그러다 1927년경부터 근대주의로 기울었고, 나중에는 북유럽 근대주의 건축의 기수로서 세계적 명성을 얻게 되었다.

알토는 1930년대 중반부터 나무를 많이 썼고 제1차 세계대전 후에는 벽돌도 사용하기 시작했다. 전후에 자원이 부족하여 벽돌을 쓸 수밖에 없었을지도 모르지만, 파도처럼 물결치는 나무 벽이나 천장 등에서도 알토가 이런 재료를 즐겨 썼다는 사실을 충분히 알아챌 수 있다. 그는 그런 작품을 통해 근대주의 건축의 새

근대주의 건축의 나아갈 길

마이레아 저택

📍 핀란드 노르마르쿠, 1938~1939년

알토의 친구이자 후원자였던 예술 애호가 마이레 굴릭센 부부를 위해 지은 집이다. 이 작품에는 알토가 가구 제작 등을 통해 터득한 다양한 목재 표현 기법이 한껏 발휘되어 있다. 알토가 제시하는 근대주의 건축의 새로운 방향이 분명히 드러난 작품이기도 하다.

내향적 설계의 적벽돌 건물

세이나찰로 타운 홀

📍 핀란드 세이나찰로, 1948~1952년

이 마을은 근처 숲속에 거대한 합판 공장이 건설되어 인구가 갑자기 증가한 탓에 커뮤니티 공간을 조성할 필요가 있었다. 그 계획을 알토가 맡았고 타운 홀 설계 대회에서도 알토의 안이 채택되었다. 건물 1층에 상점, 2층에 중정을 둘러싼 타운 홀과 도서관이 있는 구조다. 이와 같은 내향적 설계를 통해, 핀란드 사람들이 가혹한 날씨에 적응하는 방법을 엿볼 수 있다.

로운 방향을 제시하려 했으며, 철과 콘크리트를 쓰지 않아도 새로운 표현이 가능하다는 사실, 심지어 더욱 인간적이고 지역의 개성이 드러나는 작품을 만들 수 있다는 사실을 보여주었다.

한편 그의 작품은 폐쇄적이고 내향적일 때가 많은데, 이것 역시 추위가 심한 지역적 특성과 관련이 있는 것으로 여겨진다.

Profile

Alvar Aalto

1898년	핀란드 쿠오르타네에서 태어남
1921년	헬싱키 공과대학 졸업
1923년	핀란드의 중부 도시 유바스큘라에 사무소를 엶
1924년	디자이너인 아이노 마르시오와 결혼
1929년	프랑크푸르트의 CIAM 제2회 대회에 참여
1933년	헬싱키로 사무소를 옮김
1935년	마이레 굴릭센 등과 함께 가구 판매회사 아르텍 설립
1938~1939년	마이레아 저택
1948~1952년	세이나찰로 타운 홀
1973년	유바스큘라에 알바 알토 미술관 개관
1976년	헬싱키에서 사망

✎ '알토(Aalto)'는 핀란드어로 '파도'를 뜻한다.

20세기 최후의 거장

루이스 칸

1901~1974년, 미국

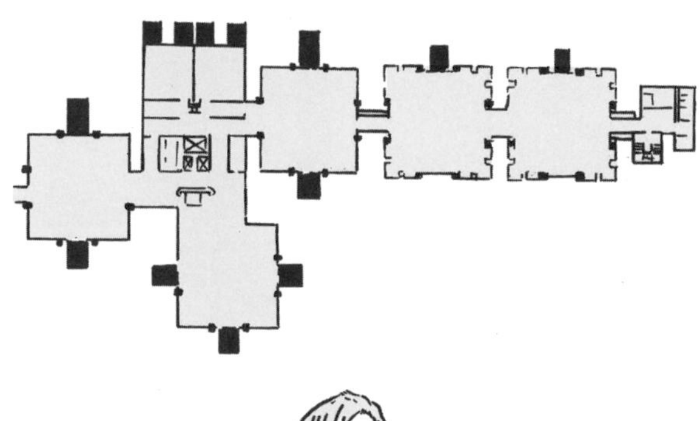

리처드 의학 연구소의 평면도. 칸은 건물 전체를 지원하는 공간과 지원받는 공간으로 나누었는데, 이 방식은 소크 생물학 연구소에도 적용되었다.

루이스 칸은 늦은 나이에 두각을 드러냈지만 20세기 최후의 거장으로까지 평가받는 위대한 건축가다. 칸을 세계적으로 유명하게 만든 작품은 60세가 다 되어 완성한 리처드 의학 연구소다. 칸은 그곳을 '지원하는 공간(servant space)'과 '지원받는 공간(served space)'으로 명확히 나누어 사람이 생활하는 공간과 설비 공간을 배치했다. 방마다 다른 구조를 취하는 방식은 미스 반 데어 로에의 보편적 공간과 정반대되는데, MoMA(뉴욕 현대 미술관)에서는 놀랍게도 이 한 작품만으로 전시회를 개최하기도 했다.

더 나아가 칸은 같은 해에 건설한 소크 생물학 연구소에서 평면뿐만 아니라 단면에까지 그 생각을 적용했다. 즉 비렌딜 구조※로 기둥 없는 연구소를 실현하고, 그것으로 생겨난 넓은 천장 밑을 설비 공간으로 활용함으로써 공동 실험실과 개

※ 사각형 프레임을 늘어세운 골조 구조. 교량 등에서 자주 쓰인다.

지원하는 공간과 지원받는 공간의 공존

소크 생물학 연구소

📍 미국 캘리포니아, 1965년

태평양에 면한 샌디에이고 라 호야 해변의 절벽 위에 있다. 중정 쪽에는 바다가 보이도록 각도를 튼 벽면과 목제 패널 창이 인상적인 연구실들이 배치되어 있으며, 그 뒤쪽에는 기둥 없는 구조의 실험동이 있다. 연구를 위해서나 인간을 위해서나, 세균 및 세균이 포함된 공기를 다루는 일에는 각별한 주의가 필요하다는 요구에 따라 세심하게 설계된 작품이다.

단순 기하학의 설계 기법

피셔 저택

📍 미국 펜실베이니아, 1960~1967년

칸의 조형 기법이 잘 드러나는 주택 작품. 단순한 두 상자가 모서리가 닿은 것처럼 연결되어 있다. 두 개의 상자는 각각 사적인 공간과 공적인 공간으로 구분된다. 칸은 이 주택의 설계에 6년이나 시간을 들였다고 한다.

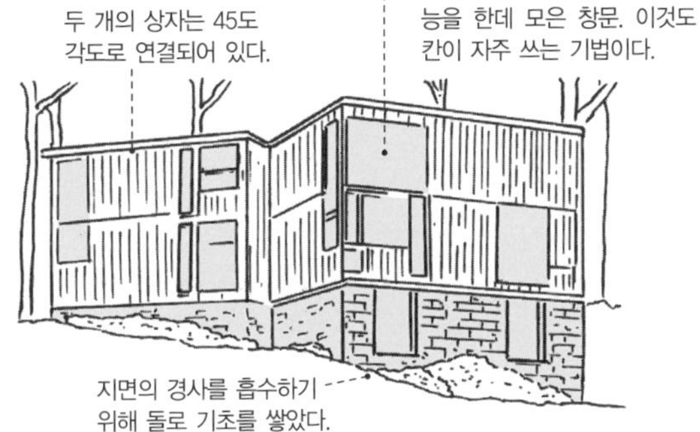

인 연구실을 구분하는 이중 구조를 실현한 것이다.

그가 동시대 건축가에게 준 영향은 이뿐만이 아니다. 순수한 기하학적 조형으로 모든 작품에 원시적인 인상을 부여하는 것도 그만의 특유한 스타일이다. 이것은 1950~1951년에 유럽 각지의 고전 건축을 접한 영향이라고 한다. 피셔 저택은 개인 주택이라서 외관의 인상은 부드럽지만 그만의 조형적 특징을 가장 잘 보여주는 작품 중 하나다.

Profile

Louis Kahn

1901년	사아레마섬(당시 러시아, 현재 에스토니아)에서 태어남
1906년	미국 필라델피아로 이주
1915년	미국으로 귀화
1920~1924년	펜실베이니아 대학 미술학부 재학
1928년	설계 사무소에 근무한 후 약 1년간 유럽 여행, 르 코르뷔지에 방문
1929년	폴 크레 사무소 근무
1935년	건축가로 독립
1939년	미국 주택국 기술 고문으로 취임
1941년	조지 하우, 오스카 스토로노프와의 공동 사무소에서 설계 활동을 함
1947년	미국계획가건축가협회 회장으로 취임, 예일 대학에서 교편을 잡음
1955~1974년	펜실베이니아 대학에서 교편을 잡음
1966년	뉴욕 현대 미술관에서 회고전 개최
1974년	뉴욕 펜실베이니아 역 구내에서 심장 발작으로 사망

✎ 피셔 저택은 기초의 돌부터 외벽의 삼나무까지, 전부 지역에서 생산된 소재로 만들어졌다.

국제 양식을 물들인 바라간의 선명한 색감

루이스 바라간

1902~1988년, 멕시코

바라간은 추상적 조형을 만드는 한편 하늘과 꽃 등에서 유래한 멕시코 특유의 색을 즐겨 썼다.

루이스 바라간은 근현대 멕시코 건축을 대표하는 건축가다. 근대주의적인 조형 기법의 초석을 마련했으나 유리의 대량 사용을 비판하였고, 정신적 안녕을 위한 폐쇄성을 고집하며 빛을 인상적으로 활용한 건물들을 지었다. 그의 작풍은 멕시코의 풍토와 밀접한 관련이 있다. 벽과 천장에 그려진 꽃과 하늘, 땅에서 유래한 선명한 색채, 옻칠한 벽과 원목, 그리고 물을 사용하는 방식에서 멕시코 특유의 분위기를 엿볼 수 있다. 국제 양식을 반성하면서 토착성에 눈을 돌렸던 근대 건축가들의 사상이 바라간의 작품에 선명하게 나타난 것이다. 바라간은 개인 주택을 압도적으로 많이 설계했지만, 지역 설계나 주택지 개발 등 부동산 개발자로서도 활약했다.

바라간은 대학에서 수력공학을 전공했으며 건축은 유학 등을 통해 독학으로

색채와 빛을 활용한 바라간의 실험장

바라간 저택

📍 멕시코 멕시코시티, 1943년(제1기), 1947년(제2기)

1940년대 초, 바라간은 멕시코시티 타쿠바야의 땅을 사서 자택을 건설했다. 부지의 절반에는 높은 담으로 둘러싸인 중정을 만들어 나무를 심고 나머지 절반에는 3층 자택을 지었다. 그는 준공 후에도 이 집을 끊임없이 수리했다고 한다.

창 밖에도 커튼이 설치되어 있다. 새가 유리에 부딪칠 것을 염려한 조치로 보인다.

바라간의 작품에서는 십자형 창틀이 자주 보인다. 바라간의 추상적인 조형 기법을 뚜렷이 보여주는 요소다.

새빨간 수영장이 실내를 물들이는

길라디 저택

📍 멕시코 멕시코시티, 1978년

길라디 저택의 식당에는 수영장이 병설되어 있는데, 수영장에 세워진 빨강, 파랑, 노랑 벽이 실내에 다양한 빛을 반사한다.

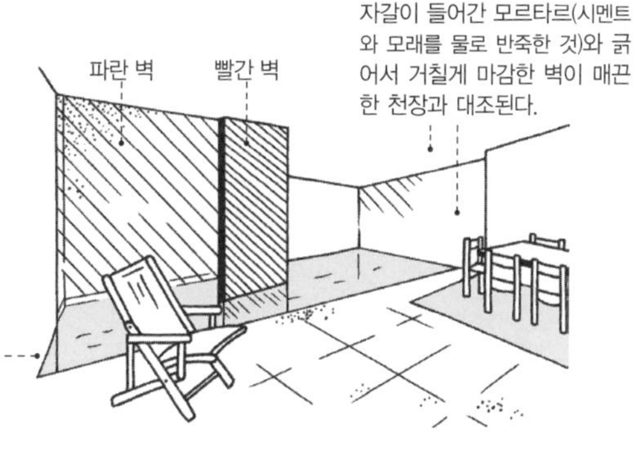

자갈이 들어간 모르타르(시멘트와 모래를 물로 반죽한 것)와 긁어서 거칠게 마감한 벽이 매끈한 천장과 대조된다.

수영장 벽은 바라간이 자비를 들여 자신의 마음에 들 때까지 여러 번 새로 칠했다고 한다.

공부했다. 그리고 1931년부터 2년간 프랑스를 방문하여 르 코르뷔지에의 강연을 듣는 등 근대주의 건축을 연구했다. 그는 특히 바이센호프 지들룽을 보고 큰 감명을 받았다고 한다. 그럼에도 그런 근대 건축도 바라간의 손을 거치면서 변화하였다. 광대한 농원과 목장에서 어린 시절을 보냈기 때문인지, 1933년에 멕시코에 돌아온 그의 작품에는 풍토에서 전해진 색채가 짙게 드러난다.

Profile

Luis Barragan

1902년	멕시코 과달라하라에서 태어남
1919년	과달라하라의 자유공과대학 토목공학과에 입학하여 수력공학을 전공함
1925년~	대학 졸업 후 유럽 각지로 유학
1927년~	과달라하라에서 주로 주택 설계에 종사
1935년	멕시코시티로 활동 거점을 옮김
1943년	오르테가 저택
1976년	MoMA에서 개인전 개최
1978년	길라디 저택
1980년	프리츠커상 수상
1988년	사망
2004년	바라간 저택이 유네스코 세계문화유산에 등재됨

✎ 바라간은 종종 현장에서 설계를 했다. 길라디 저택을 공사할 때는 직접 벽에 구멍을 뚫거나 또는 벽을 옮기거나 색칠하기도 했다고 한다.

브라질의 새로운 수도를 만든 건축가

오스카 니마이어

1907~2012년, 브라질

브라질리아의 도시 계획에는 비행기 모양의 디자인이 적용되었다. 니마이어는 이곳의 최고재판소와 국회의사당 등의 건물을 지었다. 국회의사당에서는 수평과 수직의 상자에 의회 내 상하원의 존재를 상징하는 접시 형태의 오브제 두 개를 추가했다.

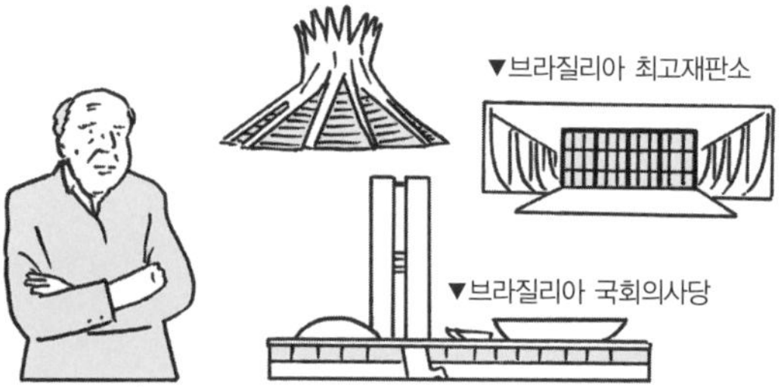

브라질을 대표하는 건축가인 오스카 니마이어는 미국 뉴욕 국제연합 건물을 함께 지은 르 코르뷔지에에게 강한 영향을 받았지만 그의 작풍은 단순 기하학에 기초한 정적인 모더니즘과는 크게 달랐다. 그는 산과 강 등의 자연, 또는 여성의 몸을 영감의 원천으로 삼아 자유롭고 감각적인 곡선을 대담하게 사용했다. 근대의 기하학에 장대한 자연이라는 남미의 지역성을 섞은 작풍이라고도 표현되는데, 그래서인지 그의 건물은 기능주의 건축으로는 얻기 어려운 기념과 축제의 의미를 갖춘 조형미를 자랑한다.

니마이어는 1930년대부터 건축가로 활동했지만 제1차 세계대전 후 브라질의 새로운 수도인 브라질리아에 세운 건물들로 비로소 국제적 명성을 얻었다. 수도 건설국의 주임 건축가였던 그는 스승 루초 코스타가 디자인한 비행기 형태의 도

브라질의 상징

브라질리아 대성당

브라질 브라질리아, 1958년

니마이어는 신도시인 브라질리아에 자신의 조형 감각을 유감없이 발휘했다. 그중에서도 대성당의 디자인이 매우 독창적이다. 원으로 배치된 열여섯 개의 구부러진 기둥이 상부에서 연결된 덕분에 성당 내부에 기둥이 없어진 것이다. 덕분에 널찍해진 내부는 천장의 스테인드글라스에서 비쳐 든 빛이 넘실거리는 개방적이고 장엄한 공간이 되었다.

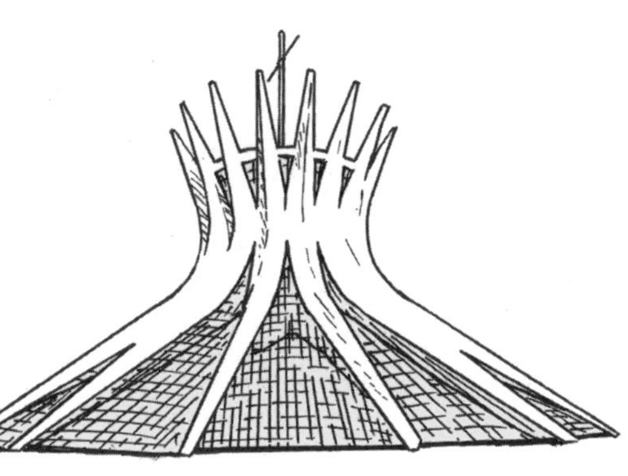

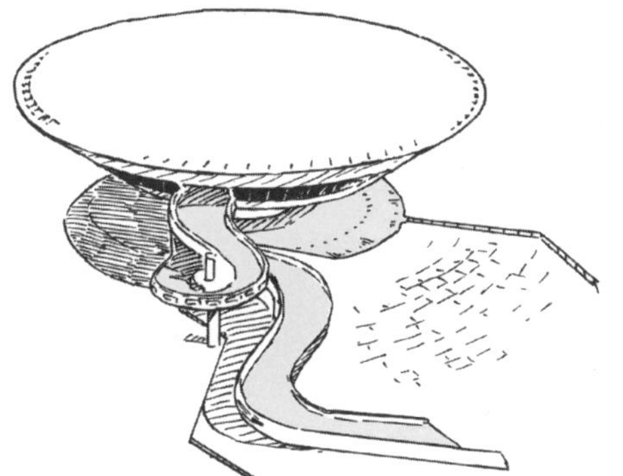

해안에 불시착한 매끈한 우주선

니테로이 현대 미술관

브라질 리우데자네이루, 1996년

리우데자네이루 근교의 미술관. 이음매 없이 전체가 곡선으로 디자인된 외관은 그야말로 해안에 불시착한 우주선처럼 보인다. 빙 둘러 배치된 연속창을 통해 주위의 자연 경관을 둘러볼 수 있다. 입구의 꼬불꼬불한 경사로도 아름답다.

시 계획 중 국회의사당과 최고재판소, 브라질리아 대성당 등 국가적 시설의 설계를 담당했다. 이 건물들은 니마이어 특유의 곡선 조형을 보여준다. 브라질리아는 처음부터 모더니즘 양식을 따라 건설된 거의 유일한 도시로, 건설 후 40년도 되지 않은 1987년에 세계문화유산으로 등재되었다.

Profile

Oscar Niemeyer

1907년	브라질 리우데자네이루에서 태어남
1934년	리우데자네이루 국립예술대학 건축학부 졸업
1935년	루초 코스타&카를로스 레온의 사무소에 들어감
1936년	교육보건성 프로젝트에 참여, 르 코르뷔지에가 브라질을 방문함
1939년	뉴욕 세계박람회 브라질관(루초 코스타와 합작)
1940년	팜풀라 아시시의 성 프란시스코 교회
1952년	국제연합 본부(르 코르뷔지에와 합작)
1956년~	루초 코스타와 함께 브라질리아의 건물들을 설계
1967년경	프랑스 파리로 망명
1975년	이탈리아의 몬다도리 출판사 사옥
1987년	브라질리아가 유네스코 세계문화유산에 등재됨
1988년	프리츠커상 수상
1996년	니테로이 현대 미술관
2002년	오스카 니마이어 미술관
2012년	리우데자네이루에서 사망

✎ 니마이어는 르 코르뷔지에로부터 배운 것을 자신이 '열대지방화'했다고 말했다. 또 "내 건축은 형태가 기능을 따를 필요가 없어서 미를 따른다"라고도 말했다.

중국 태생의 정통파 모더니스트

이오 밍 페이

1917~2019년, 중국 → 미국

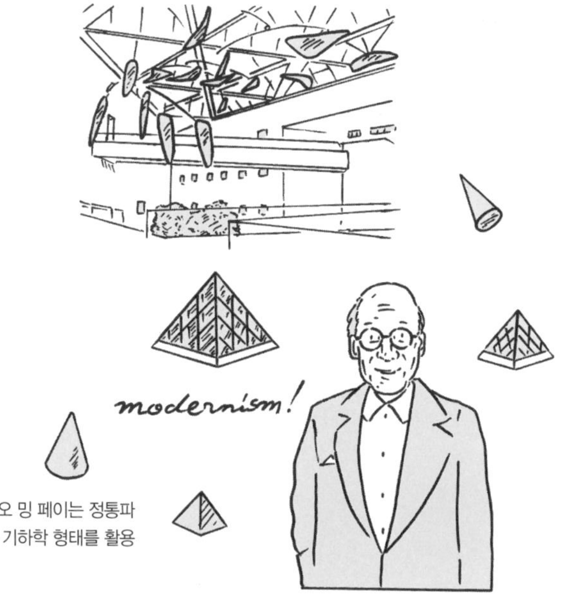

그로피우스에게서 건축을 배운 이오 밍 페이는 정통파 모더니즘의 계승자로서 삼각형 등 기하학 형태를 활용한 디자인을 추구했다.

이오 밍 페이의 이력은 20세기의 격동하는 세계사를 상징적으로 보여준다. 그는 중국공산당의 중화인민공화국이 성립되기 이전, 중화민국 시대인 1917년에 중국에서 태어났다. 혼란기인 1935년에 미국으로 건너가 유럽 유학을 바랐지만 제2차 세계대전 때문에 단념하고 결국은 하버드 대학에서 건축을 공부했다. 그의 스승 역시 나치스를 도망쳐 미국으로 건너간 그로피우스(110쪽)였다.

페이는 1960년대 중반에 독립한 후 미국의 대도시를 중심으로 고층 건물과 미술관 등 대규모 건설을 다수 진행했다. 그의 건축 디자인은 변화무쌍한 이력과는 대조적으로 강한 일관성을 보인다. 20세기 후반, 미국 건축계에는 역사적 건축의 장식을 흉내 내는 포스트모더니즘과 지역주의 등 여러 사조가 유행했지만 그는 추상적인 기하학 형태와 세련된 세부 디자인으로 이루어진 모더니즘의 미학을

루브르 피라미드
📍 프랑스 파리, 1989년

루브르 미술관의 새로운 입구. 투명한 유리를 마름모꼴 격자로 배분하여 만든 추상적이고 근대적인 구조물이다. 피라미드라는 오래된 형식을 활용함으로써 역사적인 공간과의 조화를 꾀했다.

샹산 호텔
📍 중국 베이징, 1982년

베이징의 명승지에 있는 호텔. 새하얗게 칠한 벽, 회색의 조각 장식, 마름모와 매화 모양의 창은 중국 남방의 전통적 민가를 참조한 것으로, 페이의 작품으로서는 이례적인 포스트모더니즘 디자인이다.

내셔널 갤러리 동관
📍 미국 워싱턴 D.C., 1978년

워싱턴 국립 공원에 있는 현대 미술관. 평면과 창문 형태 등 모든 건축 요소에 페이가 즐겨 쓰는 삼각형이 포함되어 있다. 로비는 천창의 자연광이 쏟아져 들어오는 거대한 아트리움 공간이다.

꾸준히 추구한 것이다.

페이의 대표작인 루브르 피라미드는 루브르 미술관 중정에 설치된 유리 피라미드로, 페이는 미술관 본관과의 크기의 조화, 샹젤리제 거리로 이어지는 도시 축과의 관계성까지 고려하여 위화감 없는 작품을 완성했다. 모더니즘 기법을 활용하는 동시에 역사적 건물과의 조화를 이뤄냈다는 점에서 그의 진면목을 확인할 수 있다.

Profile

Ieoh Ming Pei

1917년	중국 광둥성에서 태어남
1940년	매사추세츠 공과대학 졸업
1945~1946년	하버드 대학원 재학
1948~1955년	부동산회사 웹앤냅 사의 건축조사 부장을 역임
1955년	아이엠페이앤파트너스 설립
1965년	매사추세츠 공과대학 지구학 연구소, 에버슨 미술관
1973년	허버트 F. 존슨 미술관
1978년	내셔널 갤러리 동관
1982년	샹산 호텔
1983년	프리츠커상 수상
1989년	루브르 미술관 증개축, 중국은행 홍콩 타워
2012년	MIHO 미학원 중등교육학교 예배당

시드니 오페라하우스를 만든 남자

요른 웃손

1918~2008년, 덴마크

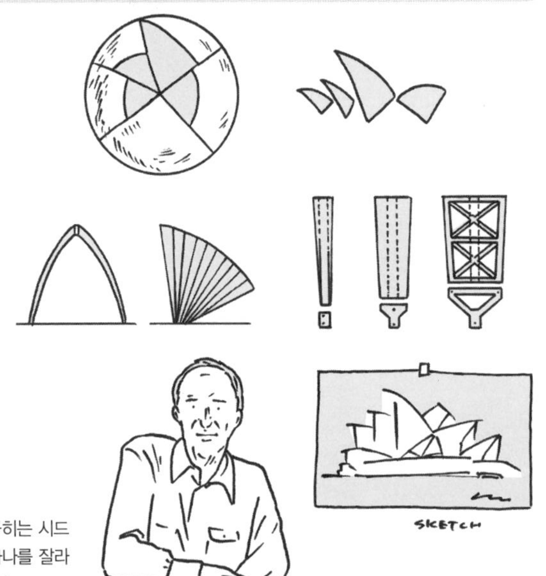

20세기의 가장 중요한 건물로 꼽히는 시드니 오페라하우스. 지붕은 구체 하나를 잘라 내어 배치하는 식으로 설계되었다.

웃손의 대표작은 역시 시드니 오페라하우스다. 호주 시드니항에 정박한 두 척의 범선처럼 보이는 이 건물은 20세기의 가장 중요한 건물 중 하나다. 그러나 돛 모양의 셸 구조는 대회가 실시된 1956년 당시에는 가까스로 본격화되기 시작한 기술이었다. 셸 구조에 정통한 건축가였던 심사위원 에로 사리넨(Eero Saarinen)조차 그만큼 복잡한 구조를 경험한 적이 없었다. 그래서 처음에는 실현할 방법을 아무도 몰랐지만 영국의 구조 컨설턴트인 오베 아룹이 건설에 참여하는 등 20년 가까이 애쓴 끝에 드디어 웃손의 설계안이 실현되었다.

웃손은 덴마크 출신의 건축가이자 조선 기술자의 아들이라는, 자신의 작품에 무척이나 잘 어울리는 배경을 지녔다. 그는 그리 많은 작품을 만들지는 못했지만 모국을 중심으로 주택, 집합주택, 은행, 교회 등을 설계했다. 그의 작품은 오

셸 구조의 가능성을 활짝 연

시드니 오페라하우스

📍 호주 시드니, 1973년

"전 세계의 위대한 건물 중 하나가 될 가능성이 있다." 설계 대회 심사위원이 웃손의 설계를 보고 한 말이다. 전례 없는 복잡한 구조였지만 프리캐스트 콘크리트(완전 정비된 공장에서 제조된 콘크리트 또는 콘크리트 제품)부터 타일 마감까지, 모든 것이 합리적으로 단순화되어 있어서다. 비록 웃손은 정권 교체의 격랑에 휩쓸려 1966년에 사임하였지만, 이 작품은 20세기를 대표하는 건물이 되었고 2007년에는 세계문화유산으로 등재되었다.

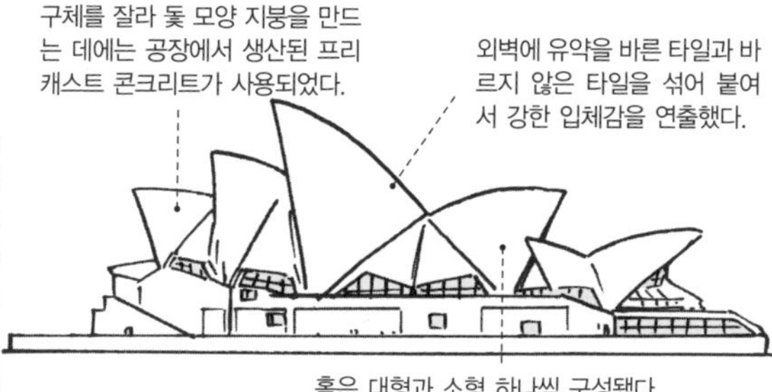

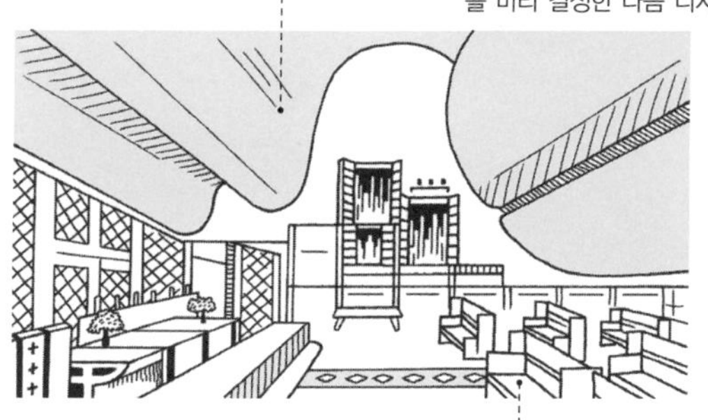

구름으로 덮인 듯한 아름다운 교회

박스베어드 교회

📍 덴마크 코펜하겐, 1973~1976년

밖에서 얼핏 보면 공장처럼 보이는 건물이다. 그러나 안으로 들어가면 인상적인 볼트 천장 아래에 새하얗고 밝고 정결한 공간이 펼쳐진다. 웃손은 이 교회를 설계하기 전에, 아득히 먼 황야와 창공을 배경으로 약간 두껍게 깔린 구름과 그 아래에 멈춰 선 사람들의 모습을 그림으로 그렸다고 한다. 실제로도 이 교회의 천장은 구름처럼 희게 빛나고 있다.

페라하우스처럼 기단과 상부 구조가 명확히 분리된 것이 특징이다. 아버지의 영향으로 범선과 비슷한 구성을 취한 것일 수도 있고, 여행으로 마야 유적을 방문했을 때 그 기단부에 매료되어서 그랬을 수도 있다. 또한 구부려 가공한 금속판과 볼트를 연결하여 대규모의 지붕을 만들어 내는 것도 웃손의 스타일이다. 박스베어드 교회가 그 좋은 사례다.

Profile

Jørn Utzon

1918년	덴마크 코펜하겐에서 태어남
1942년	코펜하겐 왕립 예술 아카데미 졸업, 에릭 군나르 아스플룬트, 알바 알토의 사무소에서 근무
1949년	미국·멕시코 여행, 라이트의 탤리에신 등을 방문함
1956년	시드니 오페라하우스의 국제 설계 대회 우승
1960년	모로코 킹고의 집합주택
1966년	예산 초과와 공기 연장으로 오페라하우스 공사에서 사임
1973년	시드니 오페라하우스
1973~1976년	박스베어드 교회
2003년	프리츠커상 수상
2007년	시드니 오페라하우스가 유네스코 세계문화유산에 등재됨
2008년	사망

모더니즘에서 포스트모더니즘으로

로버트 벤추리

1925~2018년, 미국

Less is bore

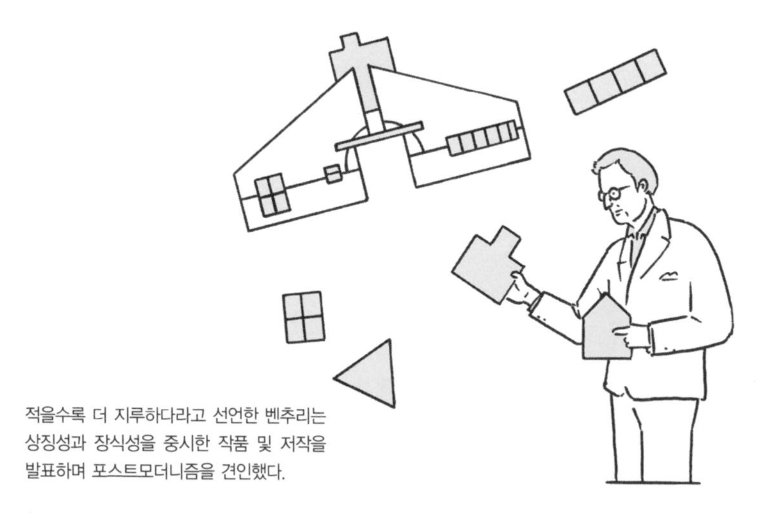

적을수록 더 지루하다라고 선언한 벤추리는 상징성과 장식성을 중시한 작품 및 저작을 발표하며 포스트모더니즘을 견인했다.

로버트 벤추리는 모더니즘을 비판하고 그것을 대신할 포스트모더니즘 건축의 미학과 이론을 발전시킨 건축가로 유명하다. 설계와 언론 활동을 병행하며 도시 설계자인 아내 데니스 스콧 브라운(Denise Scott Brown)과도 합작했다.

벤추리의 사상은 모더니즘 건축가 미스(112쪽)의 "적을수록 더 좋다"를 비꼰 "적을수록 지루하다"라는 말에 단적으로 드러난다. 그는 단순성, 순수성, 보편성, 공간성을 중시하는 모더니즘 건축을 지루한 건축으로 비판하고 복합성, 장식성, 취미성, 표상성 등의 개념을 강조하면서 좀 더 다양하고 대중에게 열린 건축을 지향했다. 이런 태도는 건축 작품뿐만 아니라 두 권의 주요 저서에도 명쾌히 드러난다. 1966년에 출간된 『건축의 복합성과 대립성』에서는 시대와 양식을 초월하여 벤추리가 좋아하는 역사적 건축을 다루었고, 1972년에 출간된 『라스베가스

포스트모더니즘의 상징

어머니의 집

미국 펜실베이니아, 1963년

꼭대기가 갈라진 박공지붕, 축에서 어긋난 굴뚝, 대칭으로 설치된 발전 자 모양의 창과 모더니즘풍의 수평 연속 창 등, 미국의 전형적인 주택 구조를 택했으나 다양한 장식이 대립 · 병존하는 포스트모더니즘 건축물의 대표작이다.

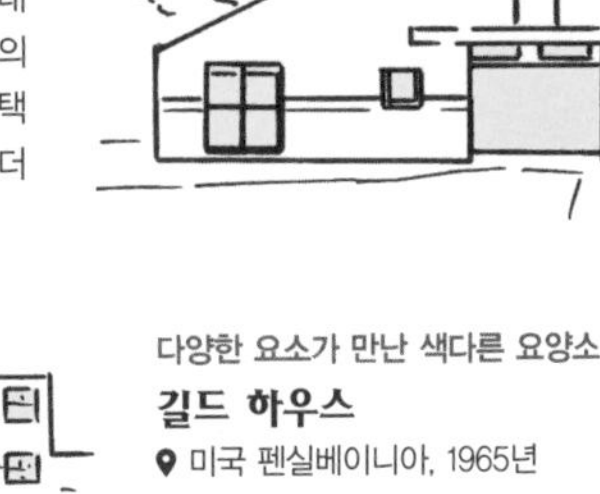

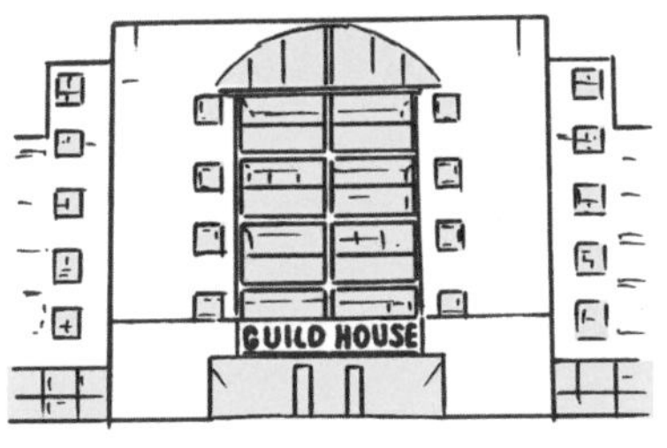

다양한 요소가 만난 색다른 요양소

길드 하우스

미국 펜실베이니아, 1965년

91세대를 수용할 수 있는 노인용 집합주택. 벽돌 파사드는 흑색 대리석 원기둥, 구멍 뚫린 동판 난간, 눈길을 사로잡는 거대한 간판과 아치 창, 지붕 위의 안테나 등 고전과 현대의 요소가 뒤섞이며 활달한 분위기를 풍긴다.

일본의 유일한 작품

미엘파르크닛코 기리후리

일본 도치기, 1997년

일본 도치기현 닛코시의 여관 건물. 파사드의 박공지붕과 서까래, '빌리지 스트리트'로 불리는 로비 공간의 초롱불과 공중전화, 우편엽서 장식 패널 등 일본 특유의 함축적 표현이 여기저기 눈에 띈다.

의 교훈』에서는 라스베이거스라는 난잡한 소비 도시에 세워진 건물들을 조사한 결과를 바탕으로 모더니즘이 잊어버린 건축의 다양성을 이야기하였다.

특히 벤추리는『라스베가스의 교훈』에서 '장식된 오두막※'과 '오리※※'라는 두 건물의 이야기를 통해 건물의 형태와 기능을 대등시하는 근대적 기능주의의 실효성을 명백히 밝힘으로써 건축 분야에 포스트모더니즘의 개막을 알렸다.

Profile

Robert Venturi

1925년	미국 필라델피아의 이탈리아계 이민 가정에서 태어남
1950년	프린스턴 대학 대학원 수료
1954년~	로마 유학
1957년	윌리엄 H. 쇼트와 함께 사무소를 엶
1963년	어머니의 집
1964년	존 로치와 공동 사무소를 엶
1965년	길드 하우스
1966년	『건축의 복합성과 대립성』 출간
1966년~	예일 대학 교수 역임
1972년	『라스베이거스의 교훈』 출간
1991년	프리츠커상 수상
1997년	미엘파르크닛코 기리후리
2018년	사망

※ 순수한 형태에 독립적인 장식이 추가된 건물

※※ 미국에 실재하는 오리 모양의 점포처럼, 상징적인 형태 때문에 내부 공간과 구조가 비합리적으로 이루어진 건물

전후 영국 건축계의 거장

제임스 스털링

1926~1992년, 영국

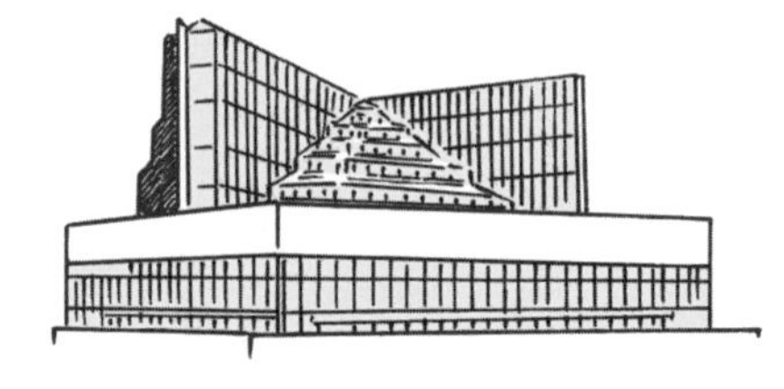

41세 때, 브루탈리즘

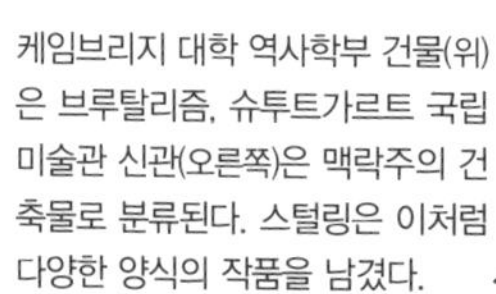

케임브리지 대학 역사학부 건물(위)은 브루탈리즘, 슈투트가르트 국립 미술관 신관(오른쪽)은 맥락주의 건축물로 분류된다. 스털링은 이처럼 다양한 양식의 작품을 남겼다.

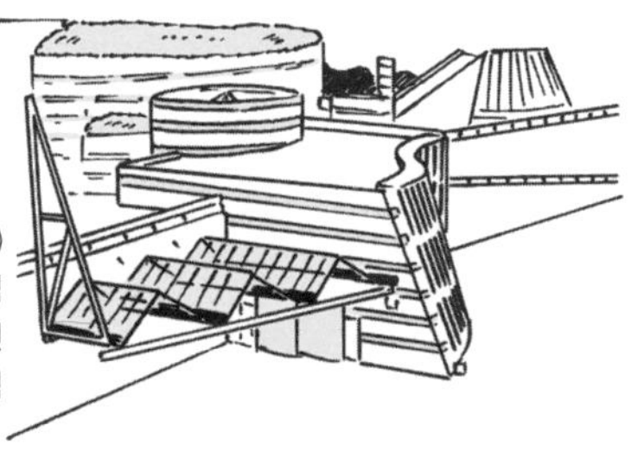

58세 때, 맥락주의

제임스 스털링은 제2차 세계대전 전후 영국 건축계의 가장 중요한 건축가라고 할 수 있다. 단, 건축가로서 활동했던 1950년대부터 1992년에 사망하기까지, 시기마다 작풍이 미묘하게 바뀐 탓에 역사적 평가가 쉽지 않은 건축가이기도 하다.

활동 초기에 설계한 레스터 대학, 케임브리지 대학, 옥스퍼드 대학 등 세 학교 건물은 '적벽돌 3부작'으로 불리는데, 적벽돌과 유리의 거친 소재감이 전면에 나타난 것이 공통점이다. 19세기 영국의 공장 건물과도 비슷한 이 작품들은 희고 매끈한 벽을 특징으로 하는 추상적 모더니즘과는 반대인 브루탈리즘 작품으로서 높은 평가를 받았다. 한편 활동 후기에 선보인 미술관 건물들에서는 역사적 건물을 참조·인용하여 세부를 설계하는 포스트모더니즘의 기법과 기존 건물 및 주변 도시 환경과의 관계성을 중시하는 '맥락주의'※ 사상이 엿보인다.

고전주의 명작을 대담하게 활용한 미술관

슈투트가르트 국립 미술관 신관

독일 슈투트가르트, 1984년

스털링의 후기 대표작. 싱켈의 베를린 구 박물관을 본떠 원형 중정을 중심에 둔 고전주의적 설계를 기본으로 했다. 그 위에 곡면 유리와 알록달록한 난간 등 다채로운 조형을 여기저기 콜라주처럼 전개했다. 구관 건물과 전면 도로, 뒤쪽 주택지를 오가는 동선까지 주도면밀하게 계획되어 있다.

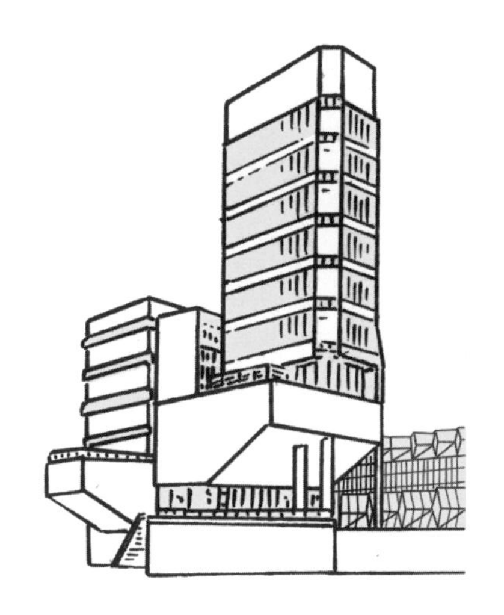

적벽돌 시리즈 제1탄

레스터 대학 공학부 건물

영국 레스터, 1963년

적벽돌 3부작 중 첫 번째 작품. 유리 톱니 지붕이 달린 실험동, 적벽돌과 유리가 피막처럼 덮인 고층 사무동, 그리고 연구동이 기능적으로 융합되어 있다. 고층 건물 군데군데에 형태를 돌출시킨 장식은 러시아 아방가르드파인 멜니코프의 작품을 참고한 것이라고 한다.

이처럼 폭넓은 양식을 오간 스털링의 작품에서 굳이 일관성을 찾자면, 다양하고 이질적인 요소를 적극적으로 도입한 절충주의적 창작 태도를 꼽을 수 있다. 근대의 위대한 건축가들은 자신의 트레이드마크가 될 자신만의 이념을 처음부터 창조하려 하지만 스털링은 오히려 역사와 전통이라는 큰 흐름 속에서 자신의 작품 세계를 형성하려 했다.

Profile

James Stirling

1926년	영국에서 태어나 리버풀에서 자람
1950년	리버풀 대학 건축학부 졸업
1956년	설계 사무소를 엶
1958년	햄커먼 집합주택
1963년	레스터 대학 공학부 건물
1967년	케임브리지 대학 역사학부 건물
1981년	프리츠커상 수상
1982년	런던 클로어 갤러리
1984년	슈투트가르트 국립 미술관 신관
1992년	기사 작위를 받은 후 사망
1996년	스털링상 제정

※ contextualism, 언어는 단독으로 의미를 이루는 것이 아니라 문맥(context) 안에서 비로소 의미를 갖는다는 철학 사상에서 나온 개념

제7장

20~21세기의 건축가

—

프랭크 게리

SOM

피터 아이젠만

노먼 포스터

렌조 피아노

페터 춤토르

렘 콜하스

장 누벨

자하 하디드

헤르조그 앤 드뫼롱

산티아고 칼라트라바

—

건축과 예술을 융합한 해체주의의 선구자

프랭크 게리

1929년~ , 캐나다

게리의 설계는 모형을 직관적으로 만드는 데서 시작된다. 그는 모형 작성을 반복하며 구조 해석을 통해 독창성과 합리성을 겸비한 건물 설계를 지향했다.

해체주의의 선구자인 프랭크 게리는 자택을 철망과 골함석 등 저렴한 재료를 활용하여 일그러진 형태로 바꾼 것으로 유명세를 얻었다. MoMA(뉴욕 현대 미술관)가 1988년에 해체주의 건축전을 개최하기 무려 10년 전의 일이다.

현대 건축사에 게리가 미친 영향은 해체주의의 틀을 훨씬 벗어났다. 스페인의 지방 공업 도시에 지어진 빌바오 구겐하임 미술관이 그 좋은 예다. 강변으로 떠밀려 나온 거대한 물고기가 연상되는 약동감과 유례없는 매력적인 디자인으로 미술관 자체가 관광 자원이 된 덕분에 문화는 물론 도시 경제가 부흥한 것이다. '빌바오 효과'로 불리는 이 현상은 문화 시설을 이용한 도시 재생의 바람직한 모델이 되었고, 그 덕분에 세계 각지에서 상징적인 건물이 잇달아 지어졌다.

게리는 건물의 설계 방식도 혁신했다. 그는 건물을 설계할 때 도면부터 그리지

쇠퇴하는 지방 도시를 구한 건물

빌바오 구겐하임 미술관

스페인 빌바오, 1997년

뛰어난 디자인의 건축물이 쇠퇴하는 도시를 부흥할 수 있다는 사실을 증명한 작품이다. 물고기가 연상되는 약동적인 3차원의 외관에는 티탄 패널이 쓰였다. 내부에는 단순한 직육면체에서부터 현대 예술과 공명하는 자유로운 형태까지, 다양한 형태의 전시실이 계획적으로 배치되어 있다.

값싸고 찌그러졌지만 독창적인

게리 하우스

미국 캘리포니아, 1979년

로스앤젤레스의 주택지에 있는 자택. 원래 일반적인 단독주택이었지만 함석, 철망, 합판 등 흔히 유통되는 저렴한 공업 제품을 활용하여 일그러진 모양으로 증개축했다. 비틀린 형상의 창과 벽 때문에 이상하게 보일지 모르지만, 게리는 교묘한 솜씨로 희한한 쾌적함이 느껴지는 개방적인 실내 환경을 만들어냈다.

않고 직감에 따라 수작업으로 만든 모형을 스캔·모델링하며 구조를 해석한 다음 설계했다. 이런 설계 공정은 그가 세운 기술 회사인 게리 테크놀로지사를 통해 점점 더 발전되고 있다. 게리의 독창적인 건물들은 새로운 기술을 적극적으로 응용하는 과정을 통해 더욱 합리적으로 설계·시공되고 있는 것이다.

Profile

Frank Gehry

1929년	캐나다 토론토에서 태어남
1947년	미국 로스앤젤레스로 이주, 로스앤젤레스 시티 칼리지 야간 과정을 밟음
1954년	서던캘리포니아 대학 건축학과 졸업
1961년	프랑스 파리로 이주
1962년	미국으로 돌아와 사무소를 엶
1979년	게리 하우스(개축)
1988년	MoMA의 해체주의 건축전 참여
1989년	비트라 디자인 박물관 완성, 프리츠커상 수상
1997년	빌바오 구겐하임 미술관
2002년	월트 디즈니 콘서트 홀, 게리 테크놀로지사 창립
2007년	마르케스 데 리스칼 와이너리 호텔

게리는 컴퓨터 설계의 선구적 존재이기도 하다. 그가 컴퓨터로 설계한 초기 작품으로는 바르셀로나 올림픽에 즈음하여 만든 거대 기념물 〈플라잉 피시(Flying Fish)〉가 있다. 물고기는 게리의 단골 모티프다.

미국의 세계 최대급 건축 설계 조직

SOM(스키드모어, 오윙스, 메릴)

1936년~, 미국

1930년대에 세 명의 건축가가 설립한 SOM은 수많은 유명 건축가를 배출하고
수많은 고층 건물과 대형 프로젝트를 성공시킨 미국의 최대 설계 사무소다.

SOM은 1936년에 루이스 스키드모어(Louis Skidmore), 나타니엘 오윙스(Nathaniel A. Owings)가 설립하고, 1939년 존 메릴(John Merrill)이 참여한 미국의 건축 사무소다. 1970년대 이후에는 런던과 홍콩, 두바이 등에도 사무소를 열고 지금까지 사무용 건물, 대학, 병원, 공항, 집합주택 등 많은 대형 프로젝트를 전 세계에서 진행해왔다.

SOM의 건축 기반에는 르 코르뷔지에(116쪽)와 미스(112쪽) 등의 모더니즘이 있는데, 뉴욕의 24층 고층 건물인 레버 하우스가 대표적인 예다. 이 건물은 철과 유리로 모더니즘 디자인의 원리를 실현한 최초의 사무용 건물로 꼽히며, 이후 전 세계 고층 건물의 견본이 되었다. 설계를 담당한 사람은 SOM의 핵심 디자이너로 활약한 고든 번샤프트(Gordon Bunshaft)다. 그는 레버 하우스 외에도 얇은 대

고든 번샤프트의 모더니즘 고층 건물

레버 하우스

미국 뉴욕, 1952년

현대 사무용 건물의 원형을 제시한 기념비적 건물이다. 도시를 향해 개방된 필로티가 있는 저층부, 추상적인 상자 같은 유리 커튼 월의 고층부로 구성되어 있다. 이전의 아르데코와는 달리 경쾌한 인상의 고층 건물이다.

세계 최고로 부유한 나라의 세계 최고로 높은 건물

부르즈 칼리파

아랍에미리트 두바이, 2010년

세계 제일의 높이를 자랑하는 초고층 건물. 용도는 주거, 호텔, 사무실 등이다. 삼각형 디자인의 모티프는 사막의 꽃 히메노칼리스인데, 이것은 중동 두바이의 지역성을 표현한다. 세계 최고의 높이를 실현하기 위해 구조 시스템과 설비 등 각 방면에서 SOM의 능력이 한껏 발휘되었다.

리석을 화강암 프레임에 끼워 파사드를 구성한 예일 대학 희귀본 도서관 등의 걸작을 설계하여 SOM의 모더니즘 스타일을 확립하였으며 1988년에 프리츠커상을 수상했다.

21세기의 SOM 작품은 아시아와 중동에 집중되어 있다. 그중 부르즈 칼리파는 총 206층, 높이 828m로 2018년 기준 세계에서 가장 높다. 고층 건축을 주도하는 SOM다운 프로젝트다.

Profile

SOM(Skidmore, Owings & Merrill)

1896년	존 메릴 출생
1897년	루이스 스키드모어 출생
1903년	나타니엘 오윙스 출생
1936년	스키드모어와 오윙스가 공동 사무소 설립
1937년	고든 번샤프트 참여
1939년	존 메릴 참여
1949년	오크리지 뉴타운 마스터 플랜, 번샤프트가 파트너가 됨
1950년대~	스키드모어와 메릴이 일선에서 물러나고 오윙스가 조직 운영을 담당
1952년	레버 하우스
1961년	체이스 맨해튼 은행
1962년	루이스 스키드모어 사망
1970년	존 핸콕 센터
1975년	존 메릴 사망
1984년	나타니엘 오윙스 사망
2010년	부르즈 칼리파

건축의 해체와 재구축에 도전하는 이론파 해체주의자

피터 아이젠만

1932년~, 미국

아이젠만은 실험주택인 〈주택 제2호〉 등의 건축 작품과 언론 활동을 통해 건축의 해체와 재구축을 지향하는 해체주의를 이끌고 있다.

피터 아이젠만은 미국의 현대 건축계를 대표하는 이론파 건축가다. 1970년대 중반, 미국에서는 토착적인 건축을 지향하는 회색파와 르 코르뷔지에의 백색 시대 같은 추상적인 표현을 지향하는 백색파의 논쟁이 한창이었는데, 아이젠만은 후자의 대표 주자였다. 초기의 실험주택 시리즈에서 보다시피, 그는 기하학적인 프레임 조작을 통해 건축의 형태와 기능, 의미의 관계성을 재고하려 했다.

한편 아이젠만은 1980년대 이후 미국에서 시작된 해체주의 건축이 세계적으로 주목받았을 때도 그 조류의 일원으로 꼽혔다. 여기서 해체란 프랑스의 철학자 자크 데리다가 제창한, 플라톤 이래 서양 철학이 지켜왔던 전통적 가치관의 해체를 의미한다. 건축도 그 영향을 받아 일부러 비스듬한 바닥이나 일그러진 형태를 써서 전통적 건축 법칙을 해체하고 재구성하려 했다. 아이젠만은 데리다와 합작

도시의 축을 상징하는 입체 프레임

웩스너 시각 예술 센터

미국 오하이오, 1989년

기존 극장 시설의 벌어진 틈을 '발판'이라는 이름의 하얀 입체 프레임을 사용하여 일직선으로 연결했다. 입체 프레임의 각도는 주변 도시 구성에 맞추었다. 이 프레임은 도시, 공원과 시설을 연결하는 축이 됨과 동시에 유리로 구분된 전시관이나 도서관의 기능을 담당한다.

학살당한 유럽의 유대인을 위한 기념비

홀로코스트 기념비

독일 베를린, 2005년

나치스 독일에게 박해받은 유대인 희생자를 위한 기념비. 디자인 표현이 전혀 없는 약 2만 평방미터의 부지에 2,711개의 콘크리트 비석이 네모반듯하게 늘어서 있다. 지하 공간에는 정보 센터가 설계되어 있다.

첫 번째 실험 주택

주택 제1호

미국 뉴저지, 1968년

건축물을 특정한 기능과 계획에서 해방함으로써 형태의 자율적 조작에 의한 디자인을 시험한 실험주택. 주택이라고 명명하기는 했지만 실제로는 개인 전시관이다. 장식 없는 하얀 벽과 들보만으로 이루어진 기하학적 공간으로, 추상성이 매우 높다.

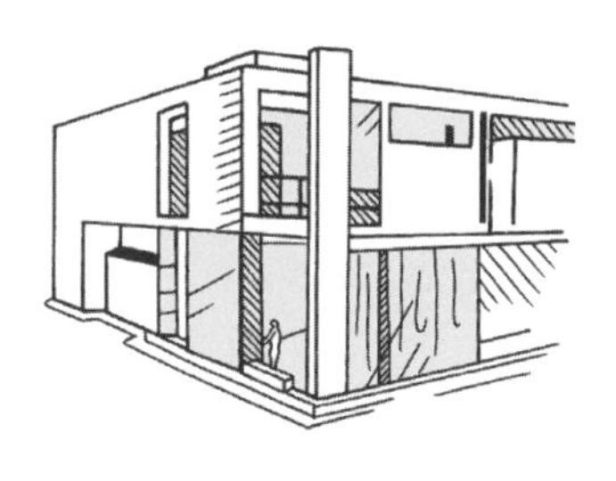

프로젝트를 진행하며 더욱 근원적·이론적인 수준의 해체를 시도했다.

아이젠만의 영향력은 작품보다 언론 활동을 통해 강하게 발휘되었다. 그가 주재했던 뉴욕건축도시연구회(IAUS)는 렘 콜하스(156쪽) 등의 전위 건축가와 역사가에게 토론의 장을 열어주었다. 또 1990년대에 개최된 국제 건축 회의인 'ANY 회의'에서도 아이젠만은 중심적 역할을 담당했다.

Profile

Peter Eisenman

1932년	미국 뉴저지 주에서 출생
1955년	코넬 대학 졸업
1959~1960년	콜롬비아 대학
1960~1963년	케임브리지 대학에서 공부
1968년	주택 제1호
1989년	웩스너 시각 예술 센터
1991년	누노타니 빌딩
1992년	막스 라인하르트 하우스
2005년	홀로코스트 기념비

1960년대에 뉴욕에서 활약한 피터 아이젠만, 마이클 그레이브스, 찰스 과스메이, 존 헤이덕, 리처드 마이어 등 르 코르뷔지에의 백색 시대와 유사한 작품을 설계한 다섯 명을 '뉴욕 파이브(New York 5)'라고 부른다.

사람과 자연이 조화된 공간을 지향하는 하이테크 건축가

노먼 포스터

1935년~, 영국

하이테크 건축가로 불리는 포스터는 대영박물관의 중정인 그레이트 코트의 설계를 맡아 유리창으로 자연광이 들어오는 기분 좋은 공간을 만들어냈다.

노먼 포스터의 작품은 1970년대에 주목받은 하이테크 건축물로 분류된다. 하이테크 건축은 끊임없이 진보하는 과학 기술 및 공업 제품으로 만들어진 설비나 구조재를 숨기지 않고 일부러 드러내는 것이 특징이다. 모더니즘 건축이 기계를 기능주의 모델로 보았다면 하이테크 건축은 그것을 장식적인 모티프로까지 발전시켰다고 할 수 있다.

포스터는 1967년에 자신의 사무소를 열었으며, 그전에는 자신과 같은 하이테크 건축가인 리처드 로저스(Richard Rogers) 등과 '팀4'라는 설계 조직을 결성하여 활동했다. 그리고 구조 시스템을 유리 커튼 월 밖으로 드러낸 홍콩 상하이 은행을 설계하면서 국제적 명성을 얻게 되었다. 그 후 사무소는 직원 수가 1,000명을 넘는 세계 최대급 규모로 성장하면서 대형 건축 사업을 전 세계에서 전개하였

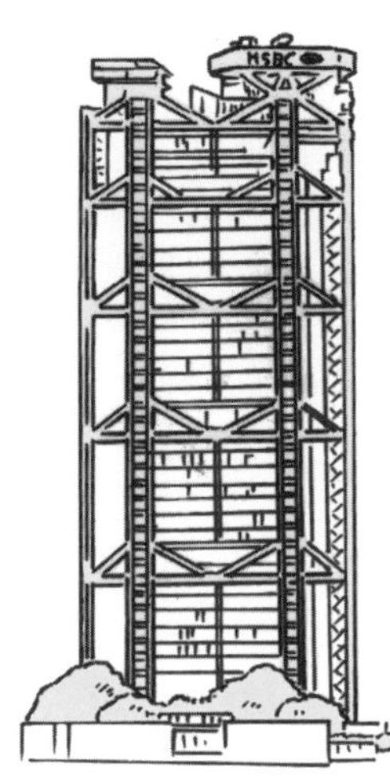

하이테크 건축의 상징

홍콩 상하이 은행 홍콩 본점

중국 홍콩, 1986년

홍콩 섬에 세워진 하이테크 건축의 기념비적 작품. 구조 시스템과 코어(건물 중앙부에 공통 시설이 집중된 부분)를 노출함으로써 기계적이면서도 고전주의적인 대칭의 조화가 느껴지는 외관을 완성했다. 1층 필로티는 도심에 개방되어 있어 언제나 사람들로 붐빈다.

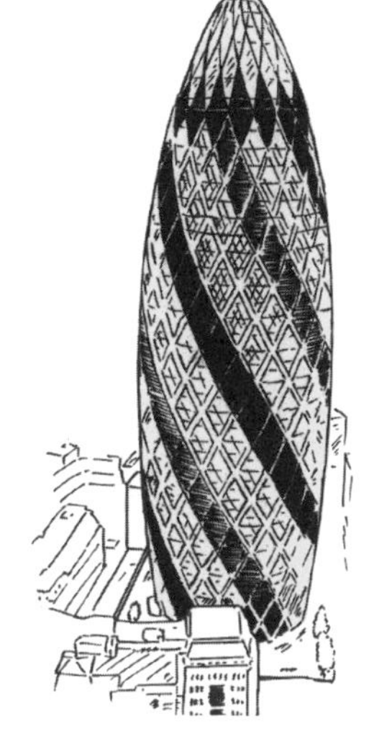

압도적인 존재감을 내뿜는 상징적 건물

스위스 리 사옥(30 세인트메리 액스)

영국 런던, 2004년

런던에서도 손꼽히는 높이(약 180m)를 자랑하는 초고층 건물. 끝이 오므라든 형상 때문에 작은 오이라는 뜻의 '거킨(Gherkin)'으로 불린다. 1990년대 이후의 글로벌 경제 하에 건설된 건물로, 한눈에 기억할 수 있는 쉬운 형태를 지닌 상징적 건물의 대표 사례다.

고, 포스터 또한 영국에서 귀족 작위를 받을 만큼 큰 성공을 거두었다.

포스터는 팀4에서 독립한 후 얼마 되지 않아 풀러(124쪽)와 합작했다※. 이 사실에서는 그의 건축의 근간이 인간과 지구 환경의 공생을 지향하는 것에 있음을 알 수 있다. 실제로, 그의 모든 작품은 아무리 거대할지라도 자연광과 자연풍을 실내로 끌어들이는 장치를 구비하고 있다. 포스터는 이렇듯 쾌적한 공간과 지속 가능성을 확보하기 위해 노력하고 있다.

Profile

Norman Foster

1935년	영국 맨체스터에서 태어남
1963년	예일 대학 건축학 석사 취득, 팀4 결성
1967년	아내 웬디 치즈먼과 함께 포스터 어소시에이츠를 설립
1971년	클라이마트로오피스(풀러와 합작)
1978년	이스트앵글리아 대학 세인즈버리 미술센터
1982년	로스앤젤레스 오토노머스 주택(풀러와 합작), 영국 르노사 부품 배송 센터
1986년	홍콩 상하이 은행 홍콩 본점
1987년	토리노 공항 설계 대회
1991년	런던 스탠스테드 제3공항
1995년	케임브리지 대학 법학부
1997년	코메르츠 은행 본점
1998년	홍콩 첵랍콕 국제공항
1999년	독일 연방의회 의사당, 프리츠커상 수상
2004년	스위스 리 사옥

※ 가벼운 돔 형태의 환경 친화적 건물을 짓는 프로젝트인 클라이마트로오피스(Climatroffice)를 함께했다.–옮긴이

인습적 건축 디자인에 도전한 하이테크 건축가

렌조 피아노

1937년~, 이탈리아

렌조 피아노의 작품인 퐁피두 센터는 파사드 위에 거대한 에스컬레이터를 드러내는 등, 설비와 구조를 디자인 요소로 활용함으로써 큰 화제를 불러일으켰다.

이탈리아 출신의 렌조 피아노는 구조와 환경 등에 관련 기술과 건축 디자인을 융합한 하이테크 건축의 거장으로 불린다. 1989년에 RIBA(영국왕립건축가협회) 금메달, 1998년에 프리츠커상, 2008년에 AIA(미국건축가협회) 금메달을 수상하는 등 오랫동안 세계의 건축 현장에서 각광받고 있다.

피아노는 건설업을 운영하는 집안에서 태어나 자연스럽게 건축의 길을 걸었다. 1964년에 밀라노 공과대학을 졸업하고 프랑코 알비니의 사무소에서 일하다가 1965년에 자신의 사무소를 열고 건축가로서 활동을 시작했다. 그러다 1977년에 리처드 로저스와의 공동 설계로 퐁피두 센터를 지으면서 세상에 신선한 충격을 안겨주었다. 이 작품에서 그는 일반적으로는 장식 요소로 쓰지 않는 구조 프레임, 덕트※ 등을 외관에 포함했다. 그것은 기존의 건축에 대한 심각한 도발이

※ 공기나 유체가 흐르는 통로–옮긴이

인습적 건축 디자인에 대한 도발

퐁피두 센터

📍 프랑스 파리, 1977년

파리 시가지 중심부에 위치한 미술 · 문화 시설이다. 철골 구조 프레임, 알록달록한 덕트, 파사드 위로 노출된 거대한 에스컬레이터 등, 보통은 숨겨지거나 이동 시설로만 쓰였던 것들을 디자인 요소로 활용하여 건축의 가치관을 크게 바꾸었다.

부드러운 자연광이 비쳐 드는 고요한 미술관

바이엘러 재단 미술관

📍 스위스 리헨, 1997년

유명한 미술품 거래상이자 바이엘러 재단의 창립자인 에른스트 바이엘러의 수집품을 전시하기 위해 세운 미술관. 설계자인 피아노는 자연광을 미술관 안으로 어떻게 끌어들일지 궁리한 끝에 이중 구조의 지붕을 제안했다. 그 덕분에 계절과 시간의 변화에 맞게 균일하고 부드러운 빛이 내부를 비춘다.

공기 역학에 기초한 새 모양의 공항

간사이 국제공항 여객 터미널

📍 일본 오사카, 1994년

국제공항의 여객 터미널. 공기 역학의 형태와 비행기의 이륙 후 모습을 생각하며 디자인했는데, 상공에서 보면 날개를 펼친 새와 같은 모양이다. 내부에는 공기의 흐름을 따라 만든 지붕 밑에 널찍한 공간이 펼쳐져 있다.

었다. 역사적 건물이 늘어선 파리의 시가지 한가운데에 위치한 건물이어서 더욱 큰 화제가 되었다.

그 후 피아노는 파리로 이주하였고 1981년에 '렌조 피아노 빌딩 워크숍'을 설립했다. 그리고 구조 기술과 빛, 바람 등 환경적 기술을 활용한 작품을 속속 발표하여 확고한 지위를 구축했다.

Profile

Renzo Piano

1937년	이탈리아 제노바에서 태어남
1964년	밀라노 공과대학 졸업
1965년	설계 사무소를 엶
1971년	퐁피두 센터의 국제 설계 대회에 당선됨
1977년	퐁피두 센터(리처드 로저스와 합작)
1981년	렌조 피아노 빌딩 워크숍 설립
1986년	메닐 컬렉션(메닐 미술관)
1989년	RIBA 금메달 수상
1994년	간사이 국제공항 여객 터미널
1997년	바이엘러 재단 미술관
1998년	장 마리 티바우 문화 센터, 프리츠커상 수상
2004년	성 파드레 피오 교회
2008년	AIA 금메달 수상

소재와 풍토의 관계성을 중시한 스위스의 건축가

페터 춤토르

1943년~, 스위스

춤토르는 풍토와 소재의 관계를 중시했다. 인간의 거주 행위를 풍경이나 대지와 연관된 개념으로 생각했기 때문이다. 철학자 마르틴 하이데거에게서 영향을 받은 것으로 보인다.

페터 춤토르는 스위스 출신의 건축가로, 입지의 특징을 중시하는 '지역주의(regionalism)' 건축가로 분류된다. 그의 작품은 스위스 건축에서 비교적 흔한 미니멀리즘(최소한의 요소로 표현하려는 사고방식)의 특징을 보이면서도 고요한 공간을 통해 깊은 사색과 시적인 감정을 환기하는 극히 독특한 세계관을 제시한다. 그는 2009년에 프리츠커상을 수상하여 세계적인 건축가로서 입지를 굳혔다.

춤토르는 가구공인 아버지에게서 가구 제작을 배운 뒤 바젤 미술대학과 뉴욕의 프랫 인스티튜트에서 건축과 산업 디자인을 배웠다. 그 후 역사적 건물을 복원하는 일을 하다가 1979년에 사무소를 세웠다.

이런 경력이 건축을 구성하는 소재와 풍토(입지성)의 관계를 중시하는 춤토르의 스타일을 만들어냈다고 할 수 있다. 예를 들어, 초기의 대표작인 성 베네딕트

방주 모양의 작은 교회

성 베네딕트 교회

📍 스위스 숨비츠, 1989년

스위스 숨비츠 마을의 교회. 주변에서 베어온 목재를 활용하여 타원 모양의 평면 위에 방주 같은 건물을 만들었다. 외벽에는 작은 나무 판이 비늘처럼 겹쳐진 채 붙여져 있고, 내장은 스테인리스 마감재 위에 나무 프레임이 노출된 모습이다. 내부는 천창에서 햇빛이 들어오는 차분한 공간이다.

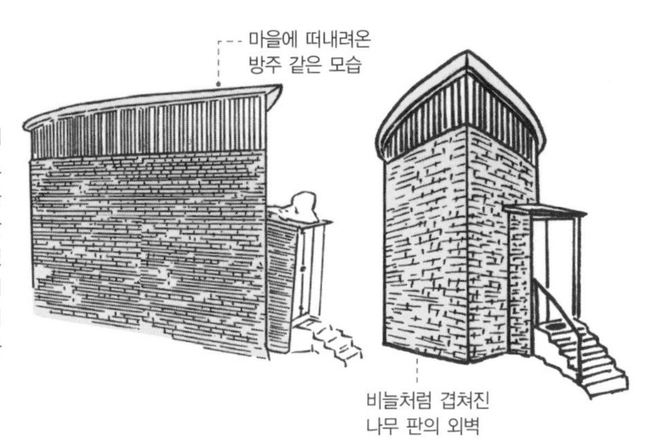

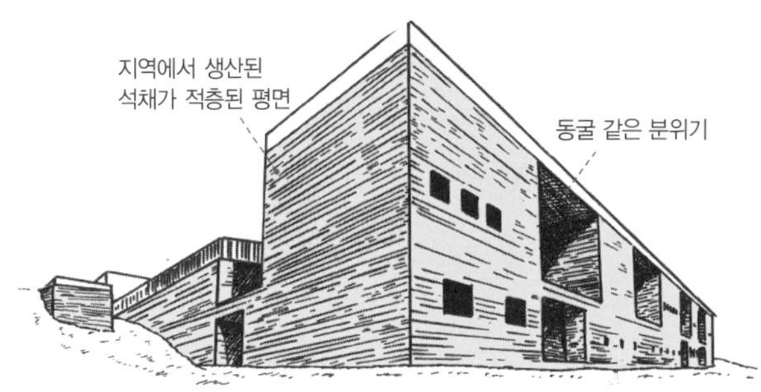

환상적인 동굴 같은

발스 온천장

📍 스위스 발스, 1996년

발스 마을의 온천 시설로, 지역에서 채굴된 석재가 많이 활용되었다. 내부 공간은 작은 지붕이 연속되는 동굴 같은 분위기다. 천장의 틈새로 들어온 햇빛이 수면에 반사되어 환상적인 분위기를 연출한다.

교회의 외벽은 천창 아래에 지역에서 벌채된 목재로 만든 작은 판을 비늘 모양으로 겹쳐 붙였다. 이를 통해 작은 마을로 떠내려온 배 같은 모습을 연출했다. 이처럼 춤토르는 입지 장소의 고유한 물질, 문화, 분위기와 건물을 한데 어우러지게 함으로써 그 장소에서만 발휘되는 건물의 개성을 추구한다. 독특한 시적 세계를 보여주는 건축가라 할 수 있다.

Profile

Peter Zumthor

1943년	스위스 바젤에서 태어남
1958~1962년	아버지에게 가구 기술을 배움
1968년	그라우뷘덴(Graubünden) 주의 역사 건물 보존국에서 근무
1979년	설계 사무소를 엶
1989년	성 베네딕트 교회
1996년	발스 온천장
1997년	브레겐츠 미술관
1999년	미스 반 데어 로에 유럽 건축상 수상
2007년	클라우스 수사 야외 예배당
2008년	프리미엄 임페리얼상 수상
2009년	프리츠커상 수상
2013년	RIBA 금메달 수상

건축의 새로운 개념을 제창한 전위 건축가

렘 콜하스

1944년~, 네덜란드

매코믹 트리뷴 캠퍼스 센터

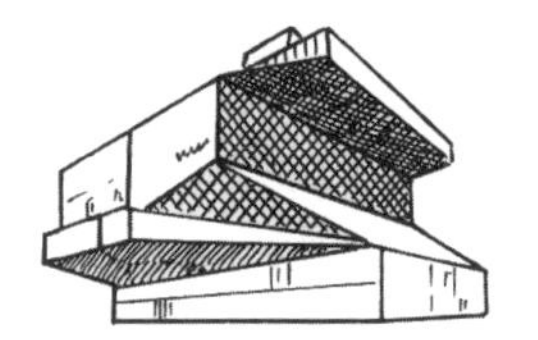

시애틀 중앙 도서관

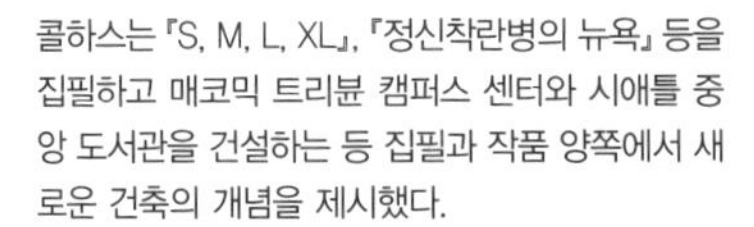

콜하스는 『S, M, L, XL』, 『정신착란병의 뉴욕』 등을 집필하고 매코믹 트리뷴 캠퍼스 센터와 시애틀 중앙 도서관을 건설하는 등 집필과 작품 양쪽에서 새로운 건축의 개념을 제시했다.

네덜란드 출신의 건축가인 콜하스는 처음에는 저널리스트, 각본가로 활동하다가 영국에서 건축을 배운 이색적인 경력의 소유자다. 그는 초고층 건물이 늘어선 맨해튼이라는 도시의 생리를 기록한 『정신착란병의 뉴욕』을 발표한 이후 현재에 이르기까지 이론과 작품 양쪽에서 건축계를 주도해왔다.

콜하스의 설계 사무소 OMA는 프로그램으로 불리는 건축의 사회적 기능과 용도를 만족시키면서 독창적인 형태와 공간 구성을 만들어내고 있다. 중국 중앙TV 사옥은 그런 OMA의 기법이 발휘된 대표작이다. 사회주의 국가의 국영방송국 사옥이라서 건축 조건과 요구가 극히 복잡했지만, 고층 건물을 꼭대기에서 연결하는 참신한 아이디어로 국제 대회에서 멋지게 1등을 차지하기도 했다.

그 외에도 콜하스는 새로운 건축 방식과 사고방식을 다양하게 제시했다. 글로

※ Generic City, 콜하스는 도시 거주자가 계속 증가하여 비역사성, 비중심성, 유지·관리의 불필요성 등을 갖춘 정체성 없는 도시가 생겨날 것이라고 예견했다.

상상과 구조의 한계를 뛰어넘은 문제작

중국 중앙TV 사옥

중국 베이징, 2008년

중국 국영방송국의 새로운 사옥이다. 콜하스는 프로그램을 정리하느라 고심한 끝에 총 51층, 높이 약 230m의 초고층 건물을 꺾대기에서 연결함으로써 고층 건물의 새로운 유형을 창안하였다. 시공 전에 철저한 구조 실험이 실시되었지만, 이 유례없는 디자인은 중국 내에서 찬반양론을 일으키고 있다.

모더니즘 스타일의 비모더니즘

달라바 저택

프랑스 파리, 1991년

파리 교외에 있는 개인 주택. 1층의 필로티와 수평으로 연속된 창 등, 르 코르뷔지에의 사보아 저택을 떠올리게 하는 요소가 많다. 한편 전체적으로는 필로티 기둥이 아무렇게나 기울어져 있고 콘크리트와 철, 돌, 철망 등 다양한 재료가 콜라주처럼 사용되는 등 모더니즘의 순수성과는 동떨어진 모습이다.

벌 경제의 진전으로 전 세계에 양산된 무개성한 도시를 의미하는 '제네릭 시티※', 건축의 미학을 무력화하는 거대함을 의미하는 '빅니스※※' 등의 신조어도 차례차례 만들어냈다. 건축이 가능하다는 전제 하에 디자인을 시작하기 위해, 설계 조직(OMA)과는 별도의 조사 조직(AMO)을 운영하는 것도 특이하다.

Profile

Rem Koolhaas

1944년	네덜란드 로테르담에서 태어나 어린 시절을 인도네시아에서 보냄
1968~1973년	런던 AA스쿨(영국건축협회 건축학교) 재학, 이때 논문 「건축으로서의 베를린 장벽」, 「엑소더스 혹은 건축의 자발적 죄수들」을 발표
1975년	OMA 설립
1978년	『정신착란병의 뉴욕』 출간
1987년	네덜란드 댄스 시어터, 빌 누벨 멜룬 세나르트
1989년	프랑스 국립 도서관 설계 대회 참가
1992년	로테르담 쿤스탈 미술관
1995년	『S, M, L, XL』 출간
1997년	에듀케토리엄
2000년	프리츠커상 수상
2009년	프라마 트랜스포머(패션 브랜드 프라다와 함께 기획한 전시 프로젝트)

※※Bigness, 건물이 일정 규모를 넘으면 건축적 조작, 고전적 기법 및 예술이 무효화되고 건물 내부와 외부의 괴리가 일어난다. 그래서 결국 건축이 선악을 넘어선 영역으로 진입하여 도시 조직에서 탈락된다는 개념이다.

새로운 건축의 이상을 추구하는 창작가

장 누벨

1945년~, 프랑스

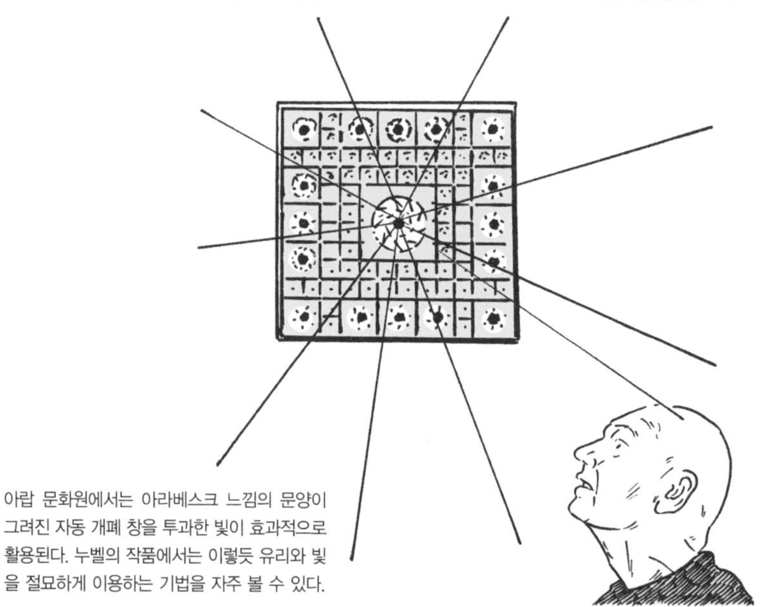

아랍 문화원에서는 아라베스크 느낌의 문양이 그려진 자동 개폐 창을 투과한 빛이 효과적으로 활용된다. 누벨의 작품에서는 이렇듯 유리와 빛을 절묘하게 이용하는 기법을 자주 볼 수 있다.

장 누벨은 프랑스 남부의 퓌멜(Fumel)에서 태어난 건축가로, 유리를 활용한 빛 반사, 투과 등 물질의 효과를 이용하여 건물 표면 자체에 존재감을 부여하는 것이 특기다. 1989년에 아가 칸 건축상, 2008년에 프리츠커상을 수상하는 등 세계 건축계를 주도하는 인물이기도 하다.

누벨은 에콜 데 보자르에서 공부할 때부터 건축가 클로드 파랭(Claude Parent)과 사상가 폴 비릴리오(Paul Virilio)의 사무소에서 일했고, 1970년에는 프랑수아 세뇨르와 공동으로 사무소를 세웠다. 1976년경에는 직능 집단 제도에 대항하여 건축가의 권리와 다양성을 지키려 한 프랑스의 건축 운동 '마르스 1976(Mars 1976)'을 주도하는 등 일찍부터 사회 활동에도 적극적이었다.

그에게 세계적인 건축가로서의 명성을 안겨준 작품은 1987년에 준공한 파리

이국적인 분위기의 창문이 인상적인

아랍 문화원

📍 프랑스 파리, 1987년

미테랑 프랑스 대통령의 문화 정책의 일환으로 설립된 문화 시설. 카메라의 자동 조리개와 똑같은 원리에 따라 태양광을 인식하여 자동으로 개폐되는 창이 설치되어 있다. 이슬람의 아라베스크가 연상되는 창문의 문양은 건물 전체에 이국적인 분위기와 환상적인 표정을 부여한다. 파사드에 활용된 유리와 금속은 내부에서 빛 반사와 굴절을 일으킨다.

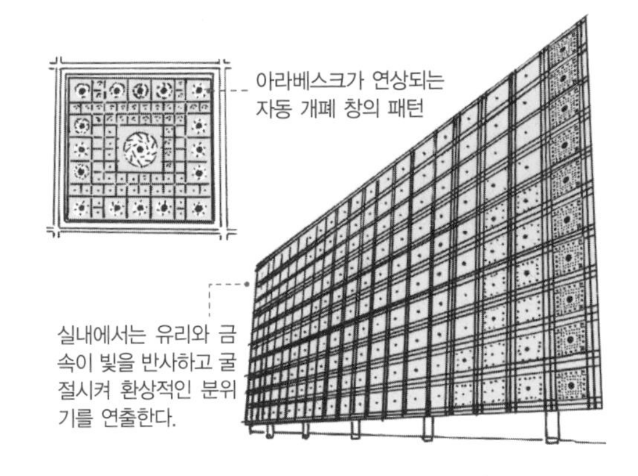

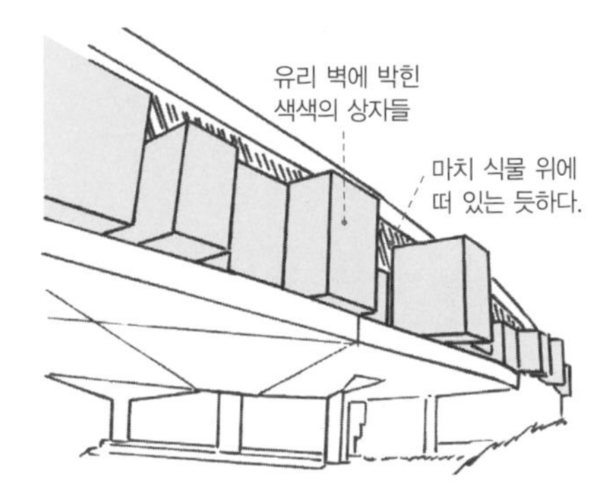

식물과 건축이 어우러진 파리 시내의 비서양적 공간

케 브랑리 박물관

📍 프랑스 파리, 2006년

비서양권 문화유산과 예술품을 전시한 박물관. 하늘로 밀어 올린 길쭉한 유리 벽을 상자들이 찌르고 있는 듯한 모습의 필로티가 인상적이다. 옥외에는 전시된 작품에 호응하듯 식물을 심어 자연과 건축이 어우러진 환경을 조성한다. 또 부지 경계에 세워진 스크린 월은 빛을 반사하거나 투과시켜 식물과 건축이 중첩된 영상 같은 광경을 보여준다.

의 아랍 문화원이다. 이 작품에서 그는 공간 내부의 분위기를 형성하는 중요한 요소로 빛을 이용하기 위해 남측 파사드에 태양광을 인식하여 자동으로 개폐되는 창을 설치했다. 누벨은 이런 비물질적 인상을 부여하면서 투과와 반사 등 빛의 효과를 교묘히 다뤘다. 현재까지 다소 추상적이고도 다양한 표정을 보여주는 건물들을 만들고 있다.

Profile

Jean Nouvel

1945년	프랑스 퓌멜에서 태어남
1970년	설계 사무소를 엶
1971년	에콜 데 보자르 졸업
1981년	아랍 문화원의 건축 설계권을 획득
1987년	아랍 문화원
1989년	아가 칸 건축상 수상
1993년	리옹 국립 오페라 극장
1994년	카르티에 재단 현대 미술관
1998년	루체른(Luzern) 더 호텔
2001년	RIBA 로열 금메달 수상
2002년	덴쓰 사옥
2006년	케 브랑리 박물관
2008년	프리츠커상 수상

✎ 누벨의 또 다른 작품으로는 도쿄의 덴쓰 사옥이 있다. 세라믹 프린트 유리로 이루어진 파사드 덕분에 빛의 방향에 따라 시시각각 표정이 바뀌는 건물이다.

페이퍼 아키텍트에서 최고의 건축가로

자하 하디드

1950~2016년, 이라크 → 영국

하디드의 출세작인 홍콩 더 피크는 홍콩에 건설하기로 계획되었던 고급 클럽이다. 이 설계안을 뽑는 국제 대회에서 하디드의 설계안이 1등으로 당선되었다. 그의 계획은 실현되지는 못했지만 러시아 전위 예술에서 발전된 속도감 있는 소묘 표현과 건물의 공간 구성으로 눈길을 끌었다.

자하 하디드는 이라크 출신의 여성 건축가로, 영국에서 건축 교육을 받고 렘 콜하스(156쪽)의 건축 사무소인 OMA에서 근무하다가 독립했다. 2004년에는 프리츠커상을 여성 최초로 수상했다.

하디드는 해체주의를 대표하는 건축가다. 수평과 수직으로 구성된 기존의 건물들과는 달리 비스듬한 바닥과 기둥, 단편화된 부재, 예각으로 구부러진 형상 등을 대담하게 활용한 것으로 잘 알려져 있다. 이런 작품에서는 20세기 초엽 러시아의 아방가르드 예술(구성주의)의 영향을 느낄 수 있다. 그러나 홍콩 더 피크로 대표되는 초기 하디드의 작품 디자인은 매우 실험적이어서 건축 관계자들의 관심이 높았을 뿐 거의 실현되지 못했다. 그래서 이 시기에 도면 위에만 건축물이 있다는 의미의 '페이퍼 아키텍트(paper architect)'라는 별명이 생겨났다.

✎ 프리츠커상 수상은 여성 건축가로서만이 아니라 아랍권 출신으로서도 처음이었다.

건축가들의 박물관

비트라 소방서

독일 바덴 뷔르템베르크, 1993~1994년

스위스 가구 회사인 비트라(Vitra) 사의 공장부지 내에 건설된 소방서(나중에 전시 공간으로 바뀜)로, 하디드가 처음으로 실현한 건축 작품이다. 하늘을 향해 들려 올라간 뾰족한 모양의 처마가 해체주의적 외관의 특징을 보여준다. 노출 철근 콘크리트조의 내부 바닥과 벽도 여기저기 비스듬하게 기울어져 있어 안팎으로 독창적인 공간이 되었다.

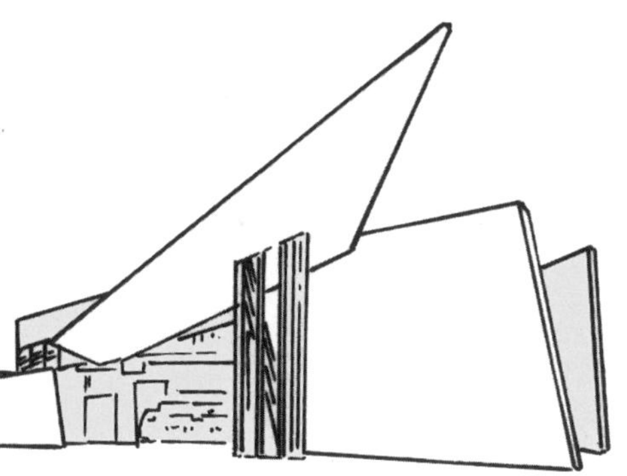

런던 올림픽 대회장

런던 아쿠아틱스 센터

영국 런던, 2010년

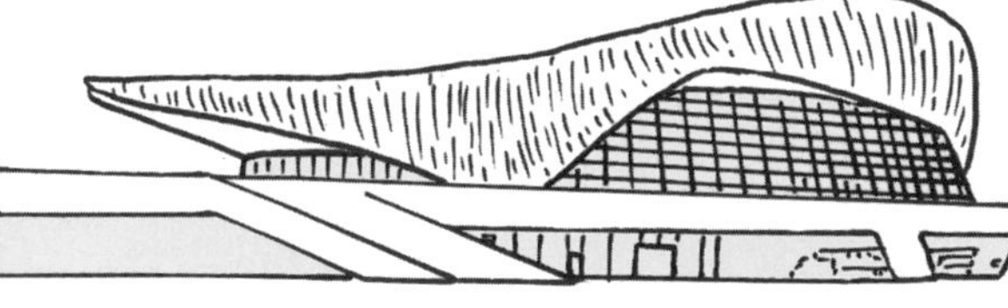

2012년 런던 올림픽을 위해 건설된 실내 수영 시설. 직선으로 나열된 세 개의 풀 위에 연속 트러스(세 개의 부재를 삼각형으로 연결한 골조 구조)로 이루어진 대규모의 유선형 지붕이 덮여 있다. 마치 날아오르려는 듯한 양 날개는 가설 관객석인데, 올림픽이 끝난 후 이 부분만 제거되었고 현재 지역 주민들이 이용하고 있다.

그러나 그 독창적인 상상력을 현실화할 기술 환경이 정비된 1990년대 이후에는 벽과 바닥이 3차원적으로 이음새 없이 연결된 우주선 같은 대규모 건물을 유럽, 아시아, 중동 등 전 세계에 다수 건설했다.※ 실현하지는 못했지만, 2020년 도쿄 올림픽에 즈음하여 계획된 도쿄 올림픽 신 주경기장 설계 대회에서도 두 개의 대규모 킬 아치(활 모양의 지붕 구조)를 활용한 상징적인 디자인을 제시하여 화제를 불러일으켰다.

Profile

Zaha Hadid

1950년	이라크 바그다드에서 태어남
1972년~	미국의 베이루트 아메리칸 대학에서 수학을 공부한 후 런던의 AA스쿨 입학, 그 후 1988년까지 같은 학교에서 교편을 잡음
1977년	말레비치 테크토닉(런던 템스강 헝거포드 브리지 위의 14층짜리 호텔의 설계안)
1979년	설계 사무소를 엶
1982년	홍콩 더 피크 설계 대회에서 최우수상 수상
1988년	MoMA의 해체주의 건축전 참여
2003년	로이스&리처드 로젠탈 현대미술센터
2004년	프리츠커상 수상
2015년	도쿄 올림픽 신 주경기장 설계에서 사퇴
2016년	사망

※ 한국에서는 DDP(동대문 디자인 플라자)를 디자인한 건축가로 매우 잘 알려져 있다.–옮긴이

집단으로 처음 프리츠커상을 받은

헤르조그 앤 드뫼롱

1950년~, 스위스

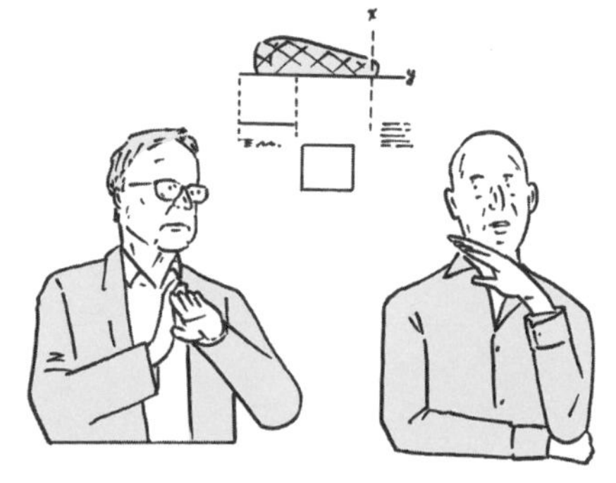

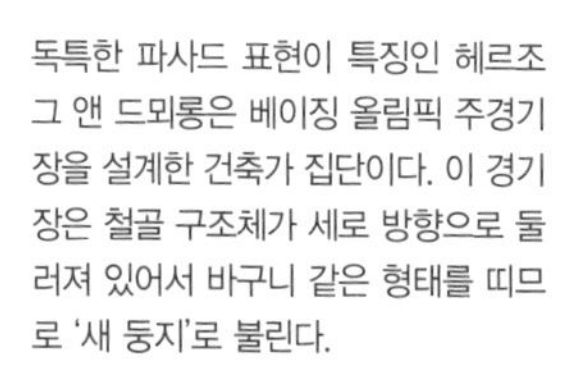

독특한 파사드 표현이 특징인 헤르조그 앤 드뫼롱은 베이징 올림픽 주경기장을 설계한 건축가 집단이다. 이 경기장은 철골 구조체가 세로 방향으로 둘러져 있어서 바구니 같은 형태를 띠므로 '새 둥지'로 불린다.

헤르조그 앤 드뫼롱은 스위스 바젤 출신의 자크 헤르조그(Jacques Herzog)와 피에르 드뫼롱(Pierre de Meuron)이 결성한 건축 집단이다. 물질에 초점을 맞춘 독특한 파사드 표현이 특징이며, 2001년에 프리츠커상을 수상하여 현대 건축을 이끄는 건축가로 평가받고 있다.

두 사람은 스위스 연방공과대학 취리히 캠퍼스를 함께 졸업한 후 1978년에 공동 건축 설계 사무소를 세웠다. 초기 작품은 판상형 자갈을 쌓아올린 파사드로 상자 형태를 만든 스톤 하우스와 뒤틀린 동제 철망 상자로 건물 전체를 뒤덮은 시그널 박스 등, 스위스 건축 특유의 미니멀리즘으로 분류되는 것이 많다. 한편 그들은 경력이 늘어날수록 단순한 상자 모양이 아니라 프라다 아오야마점이나 베이징 올림픽 주경기장처럼 조형적이고 복잡한 형태를 띤 건물을 만들었다. 이

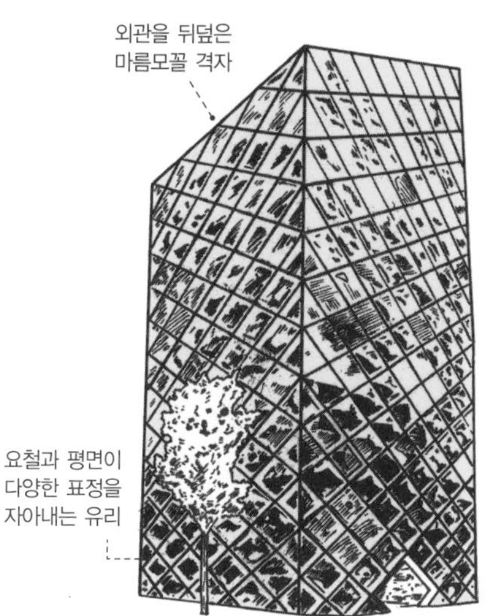

밀집된 도시에 세워진 크리스털 타워

프라다 아오야마점

일본 도쿄, 2003년

도쿄 아오야마에 위치한 크리스털 같은 외관의 건물. 파사드 전체가 마름모꼴 격자와 그 안에 끼워진 요철 유리, 평면 유리로 뒤덮여 있다. 건물 옆에는 광장 같은 역할을 하는 빈 공간이 있다.

항만 도시 함부르크의 새로운 상징

함부르크 엘프필하모니 홀

독일 함부르크, 2016년

1966년 엘베 강에 지어진 벽돌조의 창고를 증축하여 만든 공연장으로, 기존 창고 위에 물결 형상의 유리 건물을 새로 올렸다. 물결치는 듯한 곡면의 유리가 하늘과 거리, 수면을 반사한다. 그 이상적인 형태와 주위 풍경을 반사하는 유리의 변화무쌍한 표정이 이 도시의 상징이 되었다.

러한 형태는 바닥과 벽의 개념을 되새기면서 건축을 구성하는 소재와 물질 자체에 주목하는 건축 태도에서 나왔다. 그들의 건축은 소재와 물질의 효과가 건물 전체의 질서 및 규칙을 바꿔 놓을 때까지 계속 발전할 것이다. 건축의 표면과 요소를 구성하는 물질에 착안하여 디자인을 하는 기법은 그들이 개척해온 현대 건축의 하나의 조류라 할 수 있다.

Profile

Herzog & de Meuron

1950년	둘 다 스위스 바젤에서 태어나 어릴 때부터 함께 지냄
1975년	스위스 연방공과대학 졸업
1978년	공동 사무소를 바젤에 엶
1988년	스톤 하우스
1994년	시그널 박스
1999년	테이트 모던 갤러리, 스위스 연방공과대학 교수 역임
2001년	프리츠커상 수상
2003년	바젤 샤우라거 미술관, 프라다 아오야마점
2005년	뮌헨 알리안츠 아레나
2008년	베이징 올림픽 경기장
2009년	2022년 은퇴 선언
2016년	함부르크 엘프필하모니 홀

✎ 집단으로 프리츠커상을 수상한 건축가는 헤르조그 앤 드뫼롱이 최초다. 그 후 일본의 2인조 집단 SANAA가 2010년에, 스페인의 3인조 집단 RCR 아키텍츠가 2017년에 프리츠커상을 수상했다.

건축, 토목, 공학 분야를 종횡무진 오가는 창작가

산티아고 칼라트라바

1951년~, 스페인

구조 계산에 기초한 칼라트라바의 건축 작품은 약동감 있는 조형 덕분에 새의 날개와 고래 등에 비유될 때가 많다. 칼라트라바 자신도 자연에서 영감을 얻는다고 말한다.

산티아고 칼라트라바는 스페인 출신의 건축가 겸 구조 전문가다. 그의 특기는 구조 계획에 기초하여 역학적 흐름이 느껴지는 대담하고 경쾌한 형태를 만들어 내는 것인데, 이런 작풍은 '구조표현주의' 또는 하이테크 건축으로 불린다. 또한 그는 미술관, 역사, 경기장 등의 건축뿐만 아니라 교량 등 토목까지 포괄하는 넓은 영역에서 활동한다는 점에서 현대 건축계의 독특한 존재라 할 수 있다.

칼라트라바는 발렌시아의 미술학교와 건축학교에서 공부한 다음 1975년에 스위스 연방과학대학 취리히 캠퍼스에 입학하여 토목공학을 다시 공부했다. 그는 여기서 구조물의 하중성에 착안한 연구 보고서인 「접이식 공간 프레임의 가능성에 대해」를 박사 논문으로 제출했다. 이 논문에서 그는 3차원의 구조물을 평면 또는 봉 모양으로 접는 방법을 검토했다. 이러한 연구 결과는 그가 1983년에 만

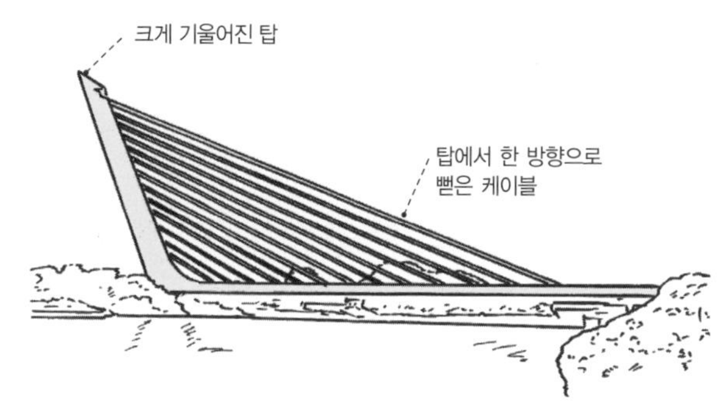

역동성이 느껴지는 사장교

알라미요 다리

스페인 세비야, 1987~1992년

1992년 세비야 세계박람회 개최에 즈음하여 건설된 사장교. 하프 같은 형태를 띠며, 경사진 탑에서 한 방향으로 뻗은 케이블로 다리 전체를 지탱한다. 좌우 대칭형이 아니라 한 방향으로 기울어진 형태라서 얼핏 불안정해 보일지 모르지만 구조적 합리성에 기초한 구조물로, 강력함과 역동성을 느낄 수 있다.

밝고 개방감 있는 활기찬 역사

리에주 기요망 역

벨기에 리에주, 2009년

리에주시 최대의 교통 요충지인 리에주 역. 여러 노선의 열차가 들어오는 플랫폼을 유리와 강철로 만든 커다란 아치형 지붕으로 덮어 역사를 매우 밝고 개방감 있는 공간으로 완성했다. 완만한 곡선을 그리는 커다란 지붕은 주위 경관과 햇빛을 역 안으로 끌어들임과 동시에 역사 내 공간을 거리를 향해 열어 놓았다.

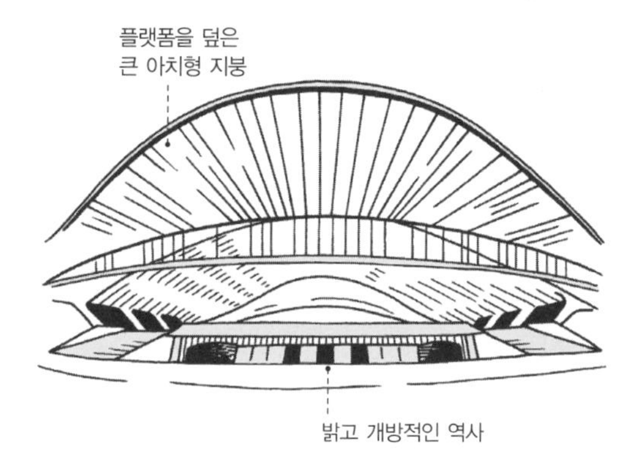

든 에른슈팅(Ernsting)사 물류 창고의 상하로 개폐되는 3차원 곡면 문과 2001년에 지은 밀워키 미술관 신관의 개폐식 날개에 반영되어, 미학과 구조가 융합된 가동식 공간을 만들어내는 데 공헌했다.

칼라트라바는 이러한 시도들을 통해 토목 구조물이기도 하고 건물이기도 한 독특한 작품을 창작하면서 도시 공간의 다양한 활동을 지지하는 기반 시설로서의 건축을 지향하고 있다.

Profile

Santiago Calatrava

1951년	스페인 발렌시아에서 태어남
1975년	스위스연방 공과대학 취리히 캠퍼스에 입학
1981년	박사 논문 「접이식 공간 프레임의 가능성에 대해」 발표
1983년	에른슈팅 물류 창고
1983~1990년	슈타델호펜(Stadelhofen) 역
1987~1992년	알라미요 다리
1989~1995년	스페인 온다로아 항의 푸에르토 다리
2001년	밀워키 미술관 신관
2002~2011년	예루살렘의 코드 다리
2009년	리에주 기요망 역
2016년	뉴욕 월드 트레이드 센터 역의 패스(Path) 열차 터미널

찾아보기

참고 문헌

- 『a+u』
  - 「2006년 4월 임시 증간 장 누벨 1987-2006(2006年4月臨時増刊 ジャン·ヌーヴェル 1987-2006)」(에이앤유(エー · アンド · ユー), 2006년)
  - 「2015년 2월호 특집: One SOM 21세기의 SOM(2015年2月号(特集 : One SOM 21世紀のSOM))」(에이앤유, 2015년)
  - 「2015년 6월호 특집: 제임스 스털링 형태가 지닌 의미(2015年6月号(特集 : ジェームズ · スターリング 形態のもつ意味))」(에이앤유, 2015년)
  - 「2002년 2월호 임시 증간 헤르조그 & 드뫼롱 1978~2002(2002年2月号臨時増刊 ヘルツォーク · アンド · ド · ムロン1978-2002)」(에이앤유, 2002년)
  - 「5월호 임시 증간 렌조 피아노 빌딩 워크숍(5月号臨時増刊 レンゾ · ピアノビルディング·ワークショップ)」(에이앤유, 2010년)
- 『CASA BARRAGAN』(사이토 유타카(齋藤裕), TOTO출판(TOTO出版), 2002년)
- 『GA 글로벌 아키텍처 No.61 박스베어드 교회(GAグローバル · アーキテクチュウア No.61 · バウスヴェアーの教会)』(A.D.A.EDITA Tokyo, 1981)
- 『LOUIS I. KAHN』(Joseph Rosa, TASHCHEN, 2006)
- 『Souscription pour le monument en l'honneur de Robert de Luzrches』, (Alexandre Hahn, Paris, Lire sur Gallica, 1844)
- 「Trinity College, Cambridge」, 『The Library - A WORLD HISTORY』(James W.P. Campbell, The University of Chicago Press, 2013)
- 『X-Knowledge HOME』
  - 「Vol.11」(엑스날리지(エクスナレッジ), 2002년)
  - 「Vol.12」(엑스날리지, 2003년)

- 「Vol.15」(엑스날리지, 2003년)
- 「Vol.17」(엑스날리지, 2003년)
- 「Vol.18」(엑스날리지, 2003년)
- 「Vol.23」(엑스날리지, 2004년)
- 「특별 편집 No.3 바우하우스(特別編集No.3　バウハウス)」(엑스날리지, 2004년)
- 「특별 편집 No.9 20세기 건축의 거장(特別編集No.9 20世紀建築の巨匠)」(엑스날리지, 2007년)

- 『ZAHA HADID 자하 하디드전 오피셜 북(ザハ・ハディッド展オフィシャル・ブック)』(ADA, 2014년)
- 『가우디를 알고 싶다!(ガウディが知りたい!)』(엑스날리지, 2004년)
- 『거장 미스의 유산(巨匠ミースの遺産)』〔야마모토 가쿠지(山本学治)·이나바 다케시(稲葉武司), 쇼코쿠샤(彰国社), 1970년〕
- 『건축 전사: 배경과 의미(建築全史: 背景と意味)』〔스피로 코스토프(Spiro Kostof) 저, 스즈키 히로유키(鈴木博之) 역, 주거도서관 출판국(住まいの図書館出版局), 1990년〕
- 『건축가 인명사전 서양 역사 편(建築家人名辞典 西洋歴史篇)』〔단게 도시아키(丹下敏明), 산코샤(三交社), 1997년〕
- 『건축가들의 빅토리아 왕조(建築家たちのヴィクトリア朝)』〔스즈키 히로유키, 헤이본샤(平凡社), 1991년〕
- 『건축대사전 제2판(建築大事典 第2版)』(쇼코쿠샤 편, 쇼코쿠샤, 1993년)
- 『건축대사전 제2판(보급판)〔建築大事典第2版(普及版)〕』(쇼코쿠샤, 1993년)
- 『건축을 생각하다[특장판](建築を考える[特装版])』〔페터 춤토르 저, 스즈키 기미코(鈴木仁子) 역, 미스즈서방(みすず書房), 2012년〕
- 『건축의 다양성과 대립성(建築の多様性と対立性)』〔로버트 벤추리 저, 이토 도시하루(伊藤公文) 역, 가지마출판회(鹿島出版会), 1982년〕
- 『그림풀이 디자인사(絵ときデザイン史)』〔이시카와 마사루(石川マサル), Flair Design, 엠디엔 코퍼레이션, 2015년〕
- 『노먼 포스터 건축과 함께 살다(ノーマン·フォスター建築とともに生きる)』〔데얀 수직(Deyan Sudjic) 저, 미와 나오미 역, TOTO출판, 2011년〕

- 『도설 로마네스크의 교회당(図説ロマネスクの教会堂)』〔쓰지모토 다카코(辻本敬子)·달링 마쓰요 도키타(Darling Masuyo Tokita), 가와데쇼보신사(河出書房新社), 2003년〕
- 『도설 세계건축사 3·그리스 건축(図説世界建築史3·ギリシア建築)』〔로랑마르탱(Roland Martin), 혼노토모샤(本の友社), 2000년〕
- 『도설 세계건축사 4·로마 건축(図説世界建築史4 · ローマ建築)』〔존 브라이언(John Bryan)·워드 퍼킨스(Ward-Perkins), 기리시키 신지로(桐敷真次郎) 역, 혼노토모샤, 1996년〕
- 『도설 세계건축사8 · 고딕 건축(図説世界建築史4 · ゴシック建築)』〔루이 그로데츠키(Louis Grodecki) 저, 마에카와 미치오(前川道郎)·구로이와 순스케(黒岩俊介) 역, 혼노토모샤, 1997년〕
- 『라스베가스(ラスベガス)』〔로버트 벤추리·데니스 브라운(Denise Scott Brown)·스티븐 아이즈너(Steven Izenour) 저, 이시이 가즈히로(石井和紘)·이토 도시하루(伊藤公文) 역, 가지마출판회, 1978년〕
- 『러시아 건축 안내(ロシア建築案内)』(리샤 물라길딘, TOTO출판, 2002년)
- 「렘 콜하스(レム·コールハース)」, 『건축과 도시 2000년 5월호 임시 증간』(에이앤유, 2000년)
- 『렘 콜하스 OMA 경이의 구축(レム·コールハース OMA 驚異の構築)』〔로베르토 가르지아니(Roberto Gargiani) 저, 난바 가즈히코(難波和彦), 이와모토 마사아키(岩元真明) 역, 가지마출판회, 2015년〕
- 『렘 콜하스는 무엇을 바꾸었는가(レム·コールハースは何を変えたのか)』〔이가라시 다로(伍十嵐太郎), 미나미 야스히로(南泰裕) 편, 가지마출판회, 2014년〕
- 『루브르에 피라미드를 만든 남자 I.M.페이의 영광과 차질(ルーブルにピラミッドをつくった男 I.M.ペイの栄光と蹉跌)』〔마이클 케널(Michael Cannell) 저, 마쓰다 교코(松田恭子) 역, 미타출판회(三田出版会), 1998년〕
- 『루이스 칸-빛과 공간(ルイス·カーン 光と空間)』〔우르스 부티커(Urs Büttiker) 저, 도미오카 요시토(富岡義人), 구마가이 이쓰코(熊谷逸子) 역, 가지마출판회, 1996년〕
- 『르네상스 천재의 민낯 다 빈치, 미켈란젤로, 라파엘로 3대 거장의 생애(ルネサンス天才の素顔 ダ·ヴィンチ, ミケランジェロ, ラファエロ 3巨匠の生涯)』〔이케가미 히데히

로(池上英洋) 저, 비쥬츠출판사(美術出版社), 2013년〕
- 『리트펠트의 건축(リートフェルトの建築)』〔오쿠 가야(奥佳弥), TOTO출판, 2009년〕
- 「멕시코의 타자(メキシコの他者)」, 『루이스 바라간의 건축(ルイス・バラガンの建築)』〔케네스 플램프톤(Kenneth Frampton), TOTO출판, 1992년〕
- 『명구로 엮는 근대 건축사(名句で綴る近代建築史)』〔다니카와 마사미(谷川正己), 나카야마 아키라(中山章), 이노우에서원(井上書院), 1984년〕
- 『미슐랭 그린 가이드 : 런던〔ロンドン (ミシュラン・グリーンガイド)〕』〔지쓰교노니혼샤(実業の日本社), 1995년〕
- 『미스 반 데어 로에 진리를 찾아서(ミース・ファン・デル・ローエ 真理を求めて)』〔다카야마 마사미(高山正實), 가지마출판회, 2006년〕
- 『미완의 건축가 프랭크 로이드 라이트(未完の建築家フランク・ロイド・ライト)』〔에이다 루이즈 헉스터블(Ada Louise Huxtable) 저, 미와 나오미(三輪直美) 역, TOTO출판, 2007년〕
- 「바라간 이즈 바라간(バラガン・イズ・バラガン)」, 『루이스 바라간의 건축(ルイス・バラガンの建築)』(사이토 유타카, TOTO출판, 1992년)
- 『바로크의 건축론적 연구(バロックの建築論的研究)』〔와타나베 사다키요(渡部貞清), 교토대학박사논문, 1969년〕
- 『버크민스터 풀러의 세계 21세기 에콜로지 디자인에의 선구(バックミンスター・フラーの世界―21世紀エコロジー・デザインへの先駆)』〔제이 볼드윈(J. Baldwin) 저, 가지카와 야스시(梶川泰司) 역, 비쥬츠출판사, 2001년〕
- 『브라만테 르네상스 전성기 건축의 구축자(ブラマンテ 盛期ルネサンス建築の構築者)』〔이나가와 나오키(稲川直樹) 외, NTT출판(NTT出版), 2014년〕
- 『비주얼 역사인물 시리즈 세계의 건축가 도감(ヴィジュアル歴史人物シリーズ 世界の建築家図鑑)』〔케네스 파웰(Kenneth Powell) 편, 이노우에 히로미(井上廣美) 역, 하라쇼보(原書房), 2012년〕
- 『서양 건축 양식사(西洋建築様式史)』〔구마쿠라 요스케(熊倉洋介) 외, 비쥬츠출판사, 1995년〕
- 『서양 건축사 도집(삼정판)(西洋建築史図集)』(일본건축학회 편, 쇼코쿠샤, 1981년)

- 『세계 건축 사전(世界建築辞典)』(니콜라스 페브스너 저, 스즈키 히로유키 역, 가지마출판회, 1984년)
- 『세계 건축 전집(15) 서아시아, 이집트, 이슬람(世界建築全集(15) 西アジア, エジプト, イスラム)』(헤이본샤, 1960년)
- 『세계의 건축(2) 그리스·로마(世界の建築(2) ギリシア·ローマ)』〔가쿠슈켄큐샤(学習研究社), 1982년〕
- 『세계의 건축(7) 바로크·로코코(世界の建築(7) バロック·ロココ)』〔야마다 지사부로(山田智三郎) 책임편집, 가쿠슈켄큐샤, 1982년〕
- 『세계의 건축가 도감(世界の建築家図鑑)』(케네스 파웰 저, 이노우에 히로미 역, 하라쇼보, 2012년)
- 『세계의 명작 의자 베스트50(世界の名作椅子ベスト50)』〔디자인뮤지엄 편저, 쓰치다 다카히로(土田貴宏) 역, 엑스날리지, 2012년〕
- 『세계의 아름다운 명건축 도감(世界の美しい名建築の図鑑)』〔패트릭 딜런(Patrick Dillon), 엑스날리지, 2017년〕
- 『시드니 오페라하우스의 빛과 그림자(シドニー·オペラハウスの光と影)』〔미카미 유조(三上祐三), 쇼코쿠샤, 2001년〕
- 『신판 유럽 건축 서설(新版ヨーロッパ建築序説)』〔니콜라우스 페브스너(Nikolaus Pevsner) 저, 고바야시 분지(小林文次) 외 역, 쇼코쿠샤, 1989년〕
- 『아시아 도시 건축사(アジア都市建築史)』〔후노 슈지(布野修司) 편, 아시아도시건축연구회 집필, 쇼와도(昭和堂), 2003년〕
- 『알바 알토(アルヴァ·アアルト)』〔무토 아키라(武藤章), 가지마출판회, 2014년〕
- 『알바 알토의 주택(アルヴァ·アアルトの住宅)』〔야리 예초넨(Jari Jetsonen), 시르칼리사 예초넨(Sirkkaliisa Jetsonen) 저, 오쿠보 메구미(大久保慈) 감수, 엑스날리지, 2013년〕
- 『알파벳 그리고 알고리즘: 표기법에 따른 건축 – 르네상스로부터 디지털 혁명으로(アルファベットそしてアルゴリズム: 表記法による建築—ルネサンスからデジタル革命へ)』〔마리오 카르포(Mario Carpo) 저, 미노베 유키오(美濃部幸郎) 역, 가지마출판회, 2014년〕
- 『예술가가 사랑한 집(芸術家が愛した家)』〔이케가미 히데히로(池上英洋), 엑스날리지, 2016년〕

- 『오스만 제국 돔식 모스크 건축의 장식의 중요성·시난의 셀리미예 자미를 중심으로(オスマン帝国ドーム式モスク建築における装飾の重要性·スィナンのセリミイェ·ジャーミィを中心に)』〔다키카와 미오(瀧川美生), 세이조미학미술사(成城美学美術史), 제20호〕
- 『오스카 니마이어 형태와 공간(オスカー·ニーマイヤー 形態と空間)』〔후타가와 유키오(二川幸夫), ADA, 2008년〕
- 『오스카 니마이어: 1937~1997(オスカー·ニーマイヤー: 1937~1997)』〔갤러리 마(ギャラリー間) 총서, TOTO출판, 1997년〕
- 『예른 웃손의 건축 작품의 공간과 그 구성 수법에 관한 연구(ヨーン·ウツソンの建築作品における空間とその構成手法に関する研究)』〔야마자키 아쓰시(山崎篤史), 스에카네 신고(末包伸吳), 일본건축학회 긴키지부 연구보고집, 2007년〕
- 『유럽 건축사(ヨーロッパの建築史)』(니시다 마사쓰구 편, 쇼와도, 1998년)
- 『이상한 건축의 역사(おかしな建築の歴史)』(이가라시 다로 편저, 엑스날리지, 2013년)
- 『이소자키 아라타+시노야마 기신 건축행각 8 마니에리슴관 팔라초 델 테(磯崎新+篠山紀信 建築行脚8 マニエリスムの館　パラッツォ·デル·テ)』〔이소자키 아라타, 시노야마 기신, 나가오 시게타케(長尾重武), 리쿠요샤(六耀社), 1989년〕
- 『이슬람 건축의 세계사(イスラム建築の世界史)』〔후카미 나오코(深見奈緒子), 이와나미 서점(岩波書店), 2013년〕
- 『이슬람 건축이 재미있다!(イスラム建築がおもしろい!)』〔후카미 나오코 편, 아라이 유지(新井勇治)외 저, 쇼코쿠샤, 2010년〕
- 『이탈리아 르네상스 건축사 노트(2) 알베르티(イタリア·ルネサンス建築ノート(2) アルベルティ)』〔후쿠다 세이켄(福田晴虔), 주오코론미술출판(中央公論美術出版), 2012년〕
- 『이탈리아 르네상스 건축사 노트(3) 브라만테(イタリア·ルネサンス建築ノート(3) ブラマンテ)』(후쿠다 세이켄, 주오코론미술출판, 2013년)
- 『인도 건축 안내(インド建築案内)』〔가미타니 다케오(神谷武夫), TOTO출판, 1996년〕
- 『제임스 스털링 브리티시: 모던을 앞질러 나간 건축가(ジェームズ·スターリング: ブリティッシュ·モダンを駆け抜けた建築家)』〔제임스 스털링·로버트 맥스웰(Robert Maxwell) 저, 오가와 모리유키(小川守之) 역, 가지마출판회, 2000년〕
- 『젬퍼에게서 피들러에게(ゼムパーからフィードラーへ)』〔고트프리트 젬퍼, 콘라트 피들

러(Konrad Fiedler) 저, 가와타 도모나리(河田智成) 편역, 주오코론미술출판, 2016년〕
- 『죽기 전에 꼭 봐야 할 세계 건축 1001(死ぬまでみたい世界の名建築1001)』〔피터 세인트존(Peter Saint John) 서문, 마크 어빙(Mark Irving) 편, 엑스날리지, 2008년〕
- 『천재 건축가 브루넬레스키 피렌체 꽃의 돔은 어떻게 건설되었는가(天才建築家ブルネレスキ―フィレンツェ・花のドームはいかにして建設されたか)』〔로스 킹(Ross King) 저, 다나베 기쿠코(田辺希久子) 역, 도쿄서적(東京書籍), 2002년〕
- 『컬러판 도설 건축의 역사 – 서양, 일본, 근대(カラー版 西洋建築の歴史 – 西洋・日本・近代)』〔니시다 마사쓰구(西田雅嗣), 야가사키 젠타로(矢ケ崎善太郎), 가쿠게이출판사(学芸出版社), 2013년〕
- 『컬러판 서양 건축 양식사 증보신장판(カラー版 西洋建築様式史 増補新装版)』〔구마쿠라 요스케(熊倉洋介) 외, 비쥬츠출판사, 2010년〕
- 『컬러판 세계 디자인사(カラー版 世界デザイン史)』〔아베 기미마사(阿部公正) 감수, 비쥬츠출판사, 1995년〕
- 『콘스탄틴 멜니코프의 건축 1920s~1930s(コンスタンティン・メーリニコフの建築 1920s - 1930s)』〔리샷 물라길딘(Rishat Mullagildin) 감수, TOTO출판, 2002년〕
- 『팔라디오 '건축사서' 주해(パラーディオ「建築四書」注解)』〔기리시키 신지로(桐敷真次郎) 저, 주오코론미술출판, 1986년〕
- 『페터 베렌스 – 모던 디자인 개척자의 일생(ペーター・ベーレンス モダン・デザイン開拓者の一生)』〔앨런 윈저(Alan Windsor) 저, 시이나 데루요(椎名輝世) 역, 소에이샤(創英社), 2014년〕
- 『평전 미스 반 데어 로에(評伝ミース・ファン・デル・ローエ)』〔프란츠 슐츠(Franz Schulze) 저, 사와무라 아키라(澤村明) 역, 가지마출판회, 1987년〕
- 『프랭크 게리 건축 이야기를 하자(フランク・ゲーリー 建築の話をしよう)』〔프랭크 게리·바바라 아이젠버그(Barbara Isenberg) 저, 오카모토 유카코(岡本由香子) 역, 엑스날리지, 2015년〕
- 『프리츠커상 수상 건축가는 무엇을 말했을까(プリツカー賞 受賞建築家は何を語ったか)』〔고바야시 가쓰히로(小林克弘) 감수, 마루젠출판(丸善出版), 2012년〕
- 『플레처 도설 세계 건축의 역사대사전 – 건축, 미술, 디자인의 변천(フレッチャー図説

世界建築の歴史大事典ー建築 · 美術 · デザインの変遷)』〔댄 크릭생크(Dan Cruickshank) 편, 이이다 기시로(飯田喜四郎) 감역, 가타키 아쓰시(片木篤) 외 역, 니시무라서점(西村書店), 2012년〕

- 『현대 건축 사전(現代建築辞典)』〔하마구치 류이치(浜口隆一), 고지로 유이치로(神代雄一郎) 감수, 가지마출판회, 1972년〕
- 『현대 건축가 20인이 말하는 지금, 건축이 할 수 있는 일(現代建築家20人が語るいま, 建築にできること)』〔한노 라우테르베르크(Hanno Rauterberg) 저, 미즈카미 유타카(水上優), 마루젠출판, 2010년〕
- 『현대 건축가 99(現代建築家99)』〔다키 고지(多木浩二), 이이지마 요이치(飯島洋一), 이가라시 다로 편, 신쇼칸(新書館), 2010년〕
- 『현대 건축의 거장(現代建築の巨匠)』〔피터 블레이크(Peter Blake) 저, 다나카 마사오(田中正雄) · 오쿠히라 고조(奥平耕造) 역, 쇼코쿠샤, 1967년〕
- 『현대 건축의 컨텍스처리즘 입문 환경 속의 건축/환경을 만드는 건축(現代建築のコンテクスチュアリズム入門 環境の中の建築 / 環境をつくる建築)』〔아키모토 가오루(秋元馨), 쇼코쿠샤, 2002년〕

후기

『세계 건축가 해부도감』을 읽어주셔서 감사합니다. 이 책에서는 고대부터 현대까지 등장했던 저명한 건축가들을 도감 형식으로 정리하였습니다. 다만 고대와 중세 부분에서는 각 시대의 건축적 특징을 해설한 다음, 그 시대를 상징하면서도 건축가가 분명히 밝혀진 건물을 주로 소개했습니다. 그래서 건축가 도감이라고는 해도 고딕 시대 이전의 내용은 서양 건축사 개론 같은 성격을 띱니다.

집필 의뢰를 받았을 때 『건축가 인명사전』(단게 도시아키, 산코샤, 1997년)이 떠올랐습니다. 이 사전에는 기원전부터 20세기까지 활동한 600명 정도의 건축가가 수록되어 있습니다.

표기된 생년을 참고하여 수록된 건축가를 세기별로 집계했더니 기원전이 18명, 10세기까지가 8명으로 소수였다가 11세기가 6명, 12세기가 9명, 13세기가 30명, 14세기가 31명으로 로마네스크 시대부터 그 수가 조금씩 늘어나는 것을 알 수 있었습니다. 또 르네상스를 지나자 15세기가 74명, 16세기가 82명, 17세기가 122명, 18세기가 169명으로 급증합니다.

건축가에 관해 조사할 때마다 특히 르네상스 이후의 건축가를 다룬 자료가 많았던 것도 수긍이 갑니다. 물론 편집에 따라 그 수가 크게 달라지겠지만, 아무튼 이 책에서 제가 고대와 중세를 개론으로 다룬 이유를 말씀드리고 싶었습니다.

20세기의 건축가를 다루지 않았던 『건축가 인명사전』과는 달리, 이 책은 뒷부분에서 지금도 활약 중인 건축가들을 다루었습니다. 책장을 넘기다 보면 르네상스 시대부터 지금에 이르기까지 건축가들이 살았던 사회, 그들의 사상, 그리고 작풍의 변화를 한눈에 파악할 수 있을 것입니다. 지금의 관점에서 역사를 바라볼 수 있다는 것이 바로 이 『세계 건축가 해부도감』의 최대 장점일지도 모르겠습니다.

마지막으로, 이 책의 편집을 담당해주신 오쿠보 모에(大久保萌) 씨에게 필자들 모두가 감사의 뜻을 전합니다. 정말 감사했습니다.

저자 일동

세계 건축가 해부도감

초판 1쇄 발행 2019년 4월 1일
초판 5쇄 발행 2024년 4월 19일

지은이 오이 다카히로, 이치카와 코지, 요시모토 노리오, 와다 류스케
옮긴이 노경아
감수자 이훈길

발행인 김기중
주간 신선영
편집 민성원, 백수연
마케팅 김신정, 김보미
경영지원 홍운선

펴낸곳 도서출판 더숲
주소 서울시 마포구 동교로 43-1 (04018)
전화 02-3141-8301
팩스 02-3141-8303
이메일 info@theforestbook.co.kr
페이스북 @forestbookwithu
인스타그램 @theforest_book
출판신고 2009년 3월 30일 제 2009-000062호

ISBN 979-11-86900-84-0 13500